郭延冰 摄

俞敏洪与盛希泰参加新京报“寻找中国创客”活动，脸上的创可贴表示“创客”。

新东方ORZ活动，俞敏洪和盛希泰与中国银行和VISA的嘉宾见面。

邓亚萍加盟洪泰创新空间。

新华社记者 李鑫 摄

在全国政协十二届三次会议新闻中心举行记者会，俞敏洪表示不宜拼命鼓励学生休学创业。

北京大学创新创业计划揭牌。

俞敏洪在北京大学创业训练营海淀基地授课。

俞敏洪和大V店员工在一起。

俞敏洪在新东方员工趣味运动会上。

四川雅安地震三周年，新东方捐建的芦山县新东方小学隆重揭牌。俞敏洪搂住一个小男孩询问学习生活状况，没想到孩子因想念在外打工的父母哭了。俞敏洪倍感心疼，他把孩子抱到腿上轻声安慰。

铁汉柔情。芦山县新东方小学揭牌，在孩子们的欢声笑语中，俞敏洪却泪湿眼底。

2016年4月，俞敏洪在网络直播节目
“洪哥梦游记”中。

2016年11月，探访英国伊顿公学。

在对的时间 做对的事

俞敏洪写给年轻人的8堂创业课

俞敏洪 著

中信出版集团

图书在版编目（CIP）数据

在对的时间做对的事：俞敏洪写给年轻人的8堂创业课 / 俞敏洪著. -- 北京：中信出版社，2017.1（2024.1重印）

ISBN 978-7-5086-6827-7

Ⅰ. ①在… Ⅱ. ①俞… Ⅲ. ①成功心理－青年读物
Ⅳ. ①B848.4-49

中国版本图书馆CIP数据核字（2016）第240902号

在对的时间做对的事：俞敏洪写给年轻人的8堂创业课

著　　者：俞敏洪
出版发行：中信出版集团股份有限公司
（北京市朝阳区东三环北路27号嘉铭中心　邮编　100020）
承 印 者：北京通州皇家印刷厂

开　　本：880mm × 1230mm　1/32　　插　　页：4
印　　张：8.75　　字　　数：150千字
版　　次：2017年1月第1版　　印　　次：2024年1月第26次印刷
书　　号：ISBN 978-7-5086-6827-7
定　　价：38.00元

服务热线：400-600-8099
投稿邮箱：author@citicpub.com

俞敏洪创业金句

任何时代的来临都不可怕，可怕的是你自己不愿意与时代共同前进。

接下来的20年，我会通过投资，帮助有创业梦想的年轻人成为下一个马化腾、马云或者李彦宏。

年轻人，去闯，去努力，去奋斗，去做自己最想做的事情。只要不做坏事，只要保持良心，剩下的什么事情都能做。

要去做有挑战的、能让自己更进一步的事情。而创业就是这样的事情。

你创业的时候，有关公司命脉的那几条线，你必须是专家。有专业能力才会有好的创业状态。

仅仅一个人做事情不能叫创业，那叫个体户。想创业的话你就得找一帮人。

创业就是将一条家犬变成一只狼的过程，一旦习惯狼的生活，再想回到家犬的状态几乎是不可能的。

我是一只狼，我带领的团队也要是狼，他们不能是狗，更不能是羊。创始人的首要本领就是要找到有同一目标、志向和精神的人。

客户、创始人、合伙人、投资人。把这四种人照顾好，创业一定会成功。

这个世界上90%的人都是追随者，但你要对自己说："我不是，我是来引领这个世界的！"

合伙人不是找的，是碰的。

目 录 Contents

第 3 章　如何避免掉入创业中的“坑”？

第 4 章　如何处理创业过程中的“各种关系”？

第 5 章　遇到困难，如何调整自己的心态？

第 6 章 如何走出困境?

第 7 章 如何始终保持初心?

第 8 章 如何成为一个优秀的人?

写在最后：在生活中寻找养料

自序 永远相信，永远充满渴望

在所有和我打过交道的年轻创业者中，我最喜欢、最愿意支持的，是乐观主义、自我认可、敢于放弃的人。

没错，他必须是一个乐观主义者。所谓的乐观主义是他必须对事业的发展有信心，尤其对中国的发展有信心，必须认可我们这个时代。中国近几十年起起伏伏，经历了各种困难和挫折，但仍然处在一个不断向上发展的时代。我本人从来没有起过到国外生活的念头，或者过多考虑个人晚年享受的事情。我觉得更重要的是，我们必须参与这个发展的时代，如果有可能，还要引领这个时代。

通过创新创业来发展和引领这个时代，是一个最好的切入口。我1991年从北大出来开始创业，这一路遇到很多事情，但我依然对中国的发展充满信心。我希望大家理解一个事实，现在出现的一些现象，包括诚信体系不完善、反腐路上的障碍、社会结构调整等，都是飞速发展的社会必然会遇到的问题。如果你遇到一个必然会出现的问题时选择退缩，生活就没法继续下去了。就像结婚以后夫妻之间一定会发生矛盾，如果因为有矛盾你就不想过了，想离婚，那你就永远不会有家。

同时，他必须是一个自我认可的人。我们要学会认可自己，相信自己的人生终会灿烂。我常常说人生有两种活法：一种是平庸地度过，比如很多白领或者我周围的一些朋友，不愿放弃自己已经拥有的东西，确实过得很舒服，也很平稳，但生活里也没有什么奇迹发生；另一种就是不甘平庸地度过，所谓的不甘平庸，不是突破现状，更多是突破自己，找到全新的自我，不害怕失败，不气馁，相信自己终会成功。

1995年底，我到美国去，拜访了七八位大学同学，跟他们说我在中国做了一个新东方，还不够大，想让他们回来跟我一起做大，然后一起分享成果。他们中的大部分人问的第一个问题就是：如果失败了怎么办？但王强和徐小平说，你在大学期间是挺没出息的一个人，你都把事情做成了，那我们回去肯定能做得更大。所以，他们回来了，而且没提过要多少工资的问题。还有一个特别想从美国回来的同学，他说，老俞，只要每年给我100万人民币的工资，我就回来。我说，现在新东方一年的利润都没到100万，怎么给你100万的工资？最后他没有回来。

等到2006年新东方在美国上市，回来的同学都变成了亿万富翁。那个同学后来说，老俞，我当初真应该跟你回去。我说，这个世界上没有“想当初”，因为当一切都已经为你准备好了时，你再选择，那不叫选择。所谓的选择是在有风险的时候，仍对自己的人生抱有希望，对自己的事业抱有希望，对与朋友的合作抱有希望，这一切都是对自己的认可。如果没有冒险参与一件事的激情，就不可能享受在这个时代和一帮人做事情的成果。

最后，他必须敢于放弃。没有任何人能保证创业一定会成功，事实上，很多人创业的结果是失败了。但我觉得，尽管创业是一个艰苦的过程，也意味着你会放弃很多东西，可能还会面临冒险、挫折和失败，但是如果不愿意经受这样的挫折和失败，不愿意放弃原有的生活，就意味着你永远只能在平庸的道路上走下去。就像我刚才说的那个大学同学，尽管他现在在美国的大学也是一个不错的教授，却失去了参与中国这个轰轰烈烈的时代的机会，我觉得这是人生最大的遗憾。他没有放弃的勇气和魄力。

我说的敢于放弃，就是放弃平庸，走向创造；放弃迷茫，走向坚定。有时候，放弃以后你可能什么也得不到，依然从平庸走向平庸，但总比你一直待在那个地方平庸要好，因为你至少已经努力过了。

俞敏洪

2016年12月于北京

推荐序

创业路上，我的榜样

文／哈爸（大V店创始人）

有一段时间，《请关爱你身边的创业者》一文在创投圈流转。作者是因深入报道创业家心理健康问题而受到广泛关注的杰西卡·布鲁德（Jessica Bruder），他说："我身边不少创业的朋友，都或多或少被压力压得喘不过气来。创业，不只是媒体报道里的激情万丈、融资成功时的春风得意，更多是在压力、焦虑、抑郁、苦闷中艰难挣扎。内心再强大的创业者，同样也有无法逃避的脆弱一面。"

作为一个创业者，我深以为然。在那篇文章的最后，作者提出了一些解决方案：充足的睡眠，健康的饮食，不掩藏情绪，留时间给家人，控制自己的财务风险……这些当然都是很好的建议，但有多少创业者能做到呢？

创业需要榜样

对我来说，更好的办法是，和方华（大V店创始人&CEO）聊聊天、互相激励。而有很多情况需要独自面对时，我就会想想我的榜样会怎么做。创业路上，不仅需要创业伙伴的相互扶持，也需要榜样的力量。

我的创业榜样就是俞敏洪老师。

我很高兴俞老师这本书里有《寻找生命中的精神榜样》一文。他说："你把潘石屹、马云、柳传志或者我本人作为榜样也可以。总之，你一定可以找到自己的榜样，并从榜样的身上得到力量，成就自己人生的辉煌。"

在一些人眼里，俞老师或许不够"性感"，与移动互联网、人工智能等所谓的高科技好像关系不大，不适合做创业者的榜样。其实不然。作为创始人和CEO，他把新东方做到在美国上市。很早之前就是《赢在中国》的创业导师。2014年又与盛希泰先生创办了“洪泰基金”，既是企业家又是创业者，两年不到的时间里投资了近百个创业公司。经历如此丰富的俞老师，更难得的是愿意主动分享，称自己为“洪哥”，让别人得以直接亲近、了解他。

如果说，创业路上需要榜样，俞敏洪老师无疑是不二人选。这绝不是因为他投资了大V店，但也正是因为他投资了大V店，在这本书诞生之前，我就得到了深入了解他的机会。

不是每一个创业者都能获得他的投资，但是，在这本书里，每个创业者能得到的远远超过几百万的投资。在这本书里，你或许看不到系统的创业理论，但你能看到一个活生生的创业榜样。

创业要解决真需求

俞老师多次在公众场合提到大V店。2015年两会期间他接受记者采访时说：“去年（2014年）我投资了一家微电商，一些妈妈不用上班，在家从事电子商务就可以有3000元到5000元的月收入。”最让我印象深刻的是2015年元旦，大V店为妈妈们举办了一次线下活动，邀请俞老师做分享。当时，他拄着拐杖进入会场，原来是陪儿子滑雪时严重摔伤，还在康复中，但他还是来了。我们给他搬椅子，他拒绝了，就这么拄着拐杖讲了一个多小时。

在分享时他说，如果是一个商业活动，他肯定不来。“但我一听说是妈妈们，那我想非来不可了……我特别关注妈妈群体，是因为我关注中国孩子这个群体。孩子成才的百分之七八十的因素，是跟妈妈相关的。现在尽管女人男人都要闯天下，但是女人更不容易。中国妈妈是最需要服务的群体。”

俞老师其实并不愿意在公众面前“宣传”自己投资的公司。一来，他投资的公司很多，宣传哪个不宣传哪个，顾此失彼；二来，这些创业公司都还没有上市，有些甚至还没有定型，宣传哪一个都有风险。但我觉得他对大V店似乎有特别的眷顾。为什么？在这本书里，他有提到他喜欢的创业者：“有些创业者一上来就说，俞老师，只要你给我投钱，我保证三年以后给你一个上市公司。我会跟他说，我要的不是上市公司，我要的是你投入地做一项有意义的事业，给社会增加价值。做到以上两点，如果你能同时把它做成一个上市公司，我会非常开心。如果没有做成上市公司，但这个项目依然在为社会做贡献，我也会非常开心。”

有这样的投资人，绝对是创业者的福气。我们也越发坚定地要做“有意义的事业，给社会增加价值”，努力为妈妈们服务，让天下没有难做的妈妈。而他看到的商业计划书，绝大多数，甚至达到80%都是想着去解决一个伪需求。这是他所不喜欢的创业者。

创业需要合伙人

今年3月，我写的《你错了，比CEO更难做的是联合创始人》流传甚广，俞老师也为之点赞。其实，在“做好联合创始人”这件事情上，俞老师给了我很大的启发。

我并没有看过俞老师直接讲怎么做联合创始人的文章，这本书我感觉也主要是针对创业公司的CEO的，但这并不是说其他创始人就没有看的必要。恰恰相反，我觉得不是CEO的创始人更应该看一看，最起码可以知道做一个CEO需要具备哪些能力。如果知道自己不具备一个CEO的能力，有这样的自知之明，就不会发生那么多合伙人的内讧。

当然，不能因为有这么多内讧的例子，创业者就拒绝找合伙人。俞老师在书里旗帜鲜明地说："一个孤军奋战的人也许能成为英雄，但他却不能成就事业。"最为大家知道的，当然是他和徐小平、王强之间的故事，但更影响我的是他和盛希泰先生（泰哥）之间的合伙关系，因为大V店也是我和方华两个人一起创立的。俞老师是上市公司董事长，泰哥则是前华泰联合证券公司董事长，这样两个人在一起都能处理好合伙关系！我想，可能是他们对对方都有非常清楚的认识，分工明确，也彼此欣赏。俞老师用自己的影响力吸引创业项目，用自己做企业的经验判断项目，而洪泰基金的日常管理等具体事务则应该是泰哥在处理。另外，我还注意到一个有趣的现象，他们俩都没有在公众场合说过自己是洪泰基金的CEO，而称自己是创始人，或者创始合伙人。

现在，我在大V店不做日常管理，也不负责具体业务，而是努力扩大自己的影响力。虽然这是比较虚的事，但我心里很踏实，一是因为方华知道并认可我这样做，二是因为有俞老师这个榜样先行。

况且，在这本书里，俞老师有提到“实和虚的营销”：“所谓实的营销，就是营销产品；虚的营销，就是营销品牌。此外，在中国经营企业，品牌营销往往还跟个人营销结合在一起。个人品牌的成长很大程度上就是企业品牌的成长，而企业品牌的成长倒过来也带动个人品牌的成长，这两个加起来形成公司强有力的虚的营销。”这比“创始人要做网红”的说法更让我有底气。

创业要正确地做事

俞老师很强调创业者要有“家国情怀”，要有理想。前面也提到他喜欢有意义的事业和给社会创造价值的创业者。与此同时，他也强调要正确地做事——君子爱财，取之有道。俞老师在自己的公众号“老俞闲谈”里发过一篇相关的文章，没有收录在这本书里，是《中国人为什么缺少见识和远见》。

在文章最后，他讲了新东方的一个故事，来说明什么叫“正确的做法会带来良好的结果”。他提到，几年前，新东方一直要求员工不断提高收入，也就是追求金钱，但结果却不好，失去了很多学员和家长的信任。一年后，他要求取消对收入的考核，代之以对老师素质、教学质量、客户满意率等的考核，员工的收入反而增长了。

这篇文章，他当然不只是写给我们看的，也不只是写给创业者看的。但作为创业者，看到这样的文章犹如当头棒喝。我在朋友圈转发了，方华也转发到我们的核心伙伴微信群，并把最后这个小故事特别复制出来与大家分享。不仅如此，这篇文章还引发了我们长久的思考和讨论：大V店的目标到底是什么？原来是销售额，是用户数。但看了俞老师的文章后，我们知道这些都只是结果，而只要做好对的事情，结果自然会好。

创业需要突破，走出舒适区

大V店自创立以来快两年了，在方华的带领下，不断聚集牛人，公司一直处于高速增长中，目前同事有近300人。这对我们，尤其是对方华来说，其实是一个巨大的挑战。公司想要获得进一步的发展，就需要突破，需要走出舒适区。

最近一两个月以来，尤其是我们搬到新的、舒适宽敞的办公室后，公司里的创业氛围没有那么明显了。我和方华都在反思，觉得原因和瓶颈在我们自己身上。

是的，每个生命都需要突破，很早之前，方华就建议我多结交朋友。我的妻子、父母、哥哥也都劝过我多走出去，与别人交流。但我就是没有行动。

泰哥有一次来大V店，给同事们做分享时就有提到：创业者要“榨干”身边所有人。这话虽然听起来有点势利，其实与俞老师说的“我认为，做好一件事，一定是资源、能力和理想相加，最后的结果不是等于3，而是300，这样的一个过程”是同一个意思。在《创业之前，先审视自己》一文中，俞老师把社交能力放在第五位："做事业就是要与人打交道，所以，我觉得社交能力对一个企业家或创业者来说十分重要。"而这，正是我最缺乏的。与人打交道，会让我觉得非常难受。

但让我心存希望的是，俞老师原来因为自卑，也非常不愿意与人打交道，甚至在大学都没有交过女朋友，但现在他的朋友满天下。俞老师能做出这样的突破，我也能！我想，这应该就是榜样的力量。

现在很多人读书追求速成，几十分钟甚至几分钟就"读"完一本书的浓缩"干货版"。对俞老师这本书，我想没有必要也不可能。它的语言足够简洁，不像很多翻译过来的创业类的书那么艰涩难懂。它的内容足够丰富，关注到创业的方方面面。任何浓缩和总结都有损这本书的价值。

如果一个人成为你的榜样，那他的只言片语都有可能给你带来巨大的启发和影响。所以，这篇文章我其实可以一直写下去：比如回到文章最前面的那个话题，创业者如何面对压力，俞老师说"在绝望时修炼自己并善于等待"；比如创业者如何自我管理，如何分配读书、学习的时间。甚至，附录《我的一天》对我都有影响（没有跑步习惯的我，读完这篇文章的第二天早上就起来跑步了）。

所以，当出版社的编辑说："如果让您和俞老师说一句话，您最想说什么？"我心里第一时间就有了答案。我把这个问题也抛给方华。"谢谢！"他的答案和我的一样。

谢谢您，俞老师！

本书使用说明：在每一章开始设置了“我的困惑”栏目，你可以在阅读之前写下和本章主题相关的问题和困惑；读完这一章之后，可以在“我的心得和收获”栏目随时记录你的阅读心得。

第1章

我为什么二次创业?

我的困惑

创业，一开始就不会停止

> 只要你想创业，只要你做企业，就不可能是一次成功、一次享受。只要走上了这条路，就会一直处在创业的道路上。

只要你想创业，只要你做企业，就不可能是一次成功、一次享受。只要走上了这条路，就会一直处在创业的道路上。

我和资深投资人、银行家盛希泰在一次喝酒时偶然碰撞出了火花。他说他开始做天使投资了，我问为什么。他说：“我现在和年轻人聊就觉得浑身充满活力。我们再去创业做成一个大公司的可能性很小了，但是我们出钱让他们去做，这个可能性就会无限放大。”

的确，好多时候我跟年轻人聊天，觉得他们的想法非常超前，要超越他们来做一个创新型公司，成功的概率真的不大。我清楚地知道，颠覆和创新都会发生在年轻人身上，我能做的就是帮年轻人出钱，做他们的垫脚石，守护他们一路成长。

过去，世人都赞扬第一个吃螃蟹的人，但是现在吃螃蟹成为中国的风尚，每个人都敢吃了。这个时候，养螃蟹——为螃蟹提供生长空间就变得很重要。

就这样，我们一拍即合，立志成为一对“守护天使”，共同创立洪泰基金，一起打造创业生态链：前端深入各个大学，提供创业课程和创业指导；中端提供天使投资；在天使投资这一环之后，与地产商合作，打造创业空间。

我常常听到有学生说：“俞老师，我们现在没有你们过去那样的机会了，现在已经不是平民创业的时代了。”但是，自从人类社会建立以来，就从未彻底消除过不公平。面对不公平，不同的人表现出积极、消极两种态度。消极的态度有百害而无一利。正如人的出身，根本无从选择。我们唯一能够做的，就是通过自己的努力，改变命运。

我们那一代人出来创业的时候是个人的时代，没有天使投资，不可能有创新空间。那个年代自己出来创业，无比艰难。1993年，我开始做新东方，中国的《公司法》(全称《中华人民共和国公司法》)甚至都还没有出台。为了开第一个班，我花60元钱买了10盒磁带，回家以后，我老婆跟我吵了一个晚上。她根本就不支持我创业，60元钱是我们一个月的生活费，如果培训班没有开办成功，那60元钱就白扔了。

再看现在这个时代，创业者们的背后已经有人支持了。第一代创业家已经富起来了，会有更多像洪泰基金一样的天使基金支持年轻的孩子们创业。新东方每年都会投入几百万元支持自强之星奖学金，万一新东方倒闭了呢，也许我所支持和投资的你们创立的“新西方”会发展起来，自强之星奖学金就可以由你们传承下去。

当然，我也是有私心的，可能也不算一个纯粹的、不求回报的“天使”。我跟年轻人合作，跟年轻人的视线紧密相连，也是希望自己成为时代的受益者和开拓者。我知道，必须永远相信年轻，永远跟青春挂钩，才能跟这个时代挂钩，跟未来的希望挂钩。

毛泽东讲过一句话：世界是你们的，也是我们的，但是归根结底是你们的。所以，年轻人，大胆开创你的事业吧！人生是一个你不得不奋斗的过程，而创业，其实就是让自己变得更出色的过程。在这个过程中，不要害怕失败。在我年轻的时候，从某种意义上来说，经历失败是一种常态，成功就是不断积累经验、不断努力的结果。

我在过去的20年里，通过把学生一批批送到国外，帮助他们实现梦想。接下来的20年，我会通过投资，帮助有创业梦想的年轻人成为下一个马化腾、马云或者李彦宏。

抓住创业的美好时代

> 现在的中国正处在一个非常宽容的时代，一个愿意接受新思想、新创新、新生活方式的时代。这一代年轻人有幸生在一个美好的年代，我也有幸活在这个美好的年代。

秦之后，中国历朝历代几乎再也没有出过真正有思想的知识分子。出过一些诗人和散文家，尤其是在思想宽松的唐代和宋代，那时候对知识分子十分尊重，但前提依然是皇帝天下第一，思想必须统一，不能挑战统治权威和思想权威。

儒家思想从中国百家思想之一，变成全部思想，其他任何异见都被扼杀在摇篮里。不管是宋代的朱熹还是明代的王阳明，只不过在规定范围内重新阐释了他们对儒家思想的理解，在儒家思想的基础上有了一些突破，发展趋势不是向宽走，而是向窄行。当一个国家只剩下一种思想，其他思想甚至都不能出现的时候，这个国家的创新力和思想力一定是非常薄弱的。比如欧洲中世纪只允许宗教思想的传播与统治，禁止出现新思想，直到文艺复兴、资产阶级革命、美国独立战争时，各种思想才风起云涌。

中国在清朝统治被推翻到抗日战争这段时间，出现了很多伟大的、直到今天还常被提及的文学家、思想家、哲学家，包括人们比较熟悉的傅斯年、陈寅恪、胡适、鲁迅等，就是在这段时期，社会思想得到了解放。

现在的中国正处在一个非常宽容的时代，一个愿意接受新思想、新创新、新生活方式的时代。这一代年轻人有幸生在一个美好的年代，我也有幸活在这个美好的年代。

但我出生在三年自然灾害时期，没有被饿死就已经很幸运了。1978年参加了第一次高考，1979年参加了第二次，1980年第三次高考，终于考上了北京大学。从1980年开始到今天，中国的思想一直不断得到解放。我记得1979年还找不到太多书看，突然从1980年开始，书店的书架上出现了原来被认为是禁书的书。虽然思想解放的过程通常有很多反复——进五步退两步——但整体趋势是不断进步的。

1991年，我开始办培训班，到1993年成立新东方就是顺应了时代的趋势。那个时候，政府决定继续实行改革开放政策，允许学生自由出国留学，包括北大、清华、复旦等学校的优秀学生都很愿意去美国学习，美国对中国的人才也非常看好，愿意给中国留学生提供奖学金。很多人，包括徐小平、王强，出国后本不打算再回来。

我当时看到了这样的趋势：这个时代需要中国学生到国外去留学，他们不用担心不回来，因为中国需要留学生，需要他们带回来伟大的科技时代。张朝阳、李彦宏都是留学归国的创业者，他们引爆了中国互联网的发展。我抓住了时代，抓住了留学的脉搏。

我现在成立基金，做天使投资人，也是为了抓住时代。中国创新创业的热潮其实已经开始了10年，但是近几年开始形成高潮，最新一轮高潮就是李克强总理讲的“大众创业，万众创新”。国家要通过创业和创新调动年轻人的积极性，调动像我这样的人二次创业的积极性，这是经济后续增量发展的重要发动机。在这种积极的环境中，哪怕是有点儿迟钝的人，也应该能抓住时代特征。因为有人向你抛了好几个月的媚眼，你却还不知道对方想跟你交朋友，不是有病吗？

这个世界的未来永远属于年轻人

> 这个世界的未来永远属于年轻人，不管他们有多少缺点。我希望等我离开这个世界的时候，我的墓碑一定要刻上这句话："他一生与年轻人为伍。"如果那一天只有一个人来看我，我希望这个人不是徐小平，而是一个年轻人。

这是一个年轻人的时代。洪泰基金投资的各项目的创始人，平均年龄大概是二十六七岁。我29岁的时候还在北大当老师，李彦宏28岁的时候还在硅谷做工程师，盛希泰大学一毕业就进了国有企业，在那里至少工作到了30多岁。而现在的年轻人，毕业了虽然也会找工作，但更多想的是如何让自己飞起来。

尽管来寻求投资的年轻人，有很多确实不靠谱，这也是为什么洪泰基金在几千个项目里只选了40多个投资支持。但是不管项目是否靠谱，我们都会鼓励项目背后的每一个年轻人。为什么？因为人都是从不靠谱走向靠谱的。直到现在，我也不敢说自己是一个靠谱的人。

大家都知道，创业也好，冒险也好，年轻人对所谓成熟的社会、成熟的人以及成熟的体制通常充满了厌恶。我刚出来创业时，北大相比于其他地方来说已经充分开放了，但我仍然觉得空气如此沉闷。周围很多认识的人都说："俞敏洪，你身上看不出一点点儿做生意的基因，你出去是死路一条。"但当时，即使在那种状态下，我也依然坚信未来是属于我们这一代人的。

现在20多年过去了，我从一个20多岁的小伙子变成50多岁的中年人，不光年龄增加了，整个身心也走向中年。回过头来思考，我发现自己不想变成一个所谓成熟的人，也不想在成熟的体制和舒适的状态下生活。因为我知道，所谓的成熟，意味着你的眼光被遮蔽，你的锐气被磨钝。所谓的成熟，会有意无意驱使你主导年轻人的发展，自以为是地"看清楚"一些事情，一些"看来很愚蠢、不规矩，充满破坏性和颠覆性"的事情。

著名作家毛姆说过这么一句话：“当你听到年轻人自信满满、目中无人地满口胡言时，当你看到他武断教条、偏执狭隘时，你生气做什么？指出他的愚昧无知做什么？你难道忘了，你跟他一般年纪的时候也是这般愚蠢、武断、傲慢、狂妄。我说的是你，也说的是我自己。”

实际上，当一个人自我感觉成熟的时候，已经离这个世界、这个时代越来越远。我虽然在不断跟年轻人打交道——每年新东方培训的学生总共有300万人，13岁到25岁这个年龄段的年轻孩子有200多万——但我依然感到自己有时候在用挑剔的眼光看待他们。这是一种不自觉的眼光，一种自以为历经沧桑、对这个世界有通透完整的了解的眼光。直到我看到我的孩子在玩着iPad，玩着手机，看到他们所有的交流都在跟现代世界发生接触的时候，我才猛然发现我已经落后了。我也一直认为自己打字非常快，一般人比不上我，但我的孩子在iPad、手机上输入信息的速度居然能追上我在电脑上打字的速度，我想我是真的落后了。

移动互联网时代毫无疑问是属于年轻人的时代，不管承认还是不承认，年轻人正在向我们走来。从我们身边走过，走向更远的地方。过去，马云、李彦宏、马化腾这些第四代互联网创业者用10年时间做到今天这个规模是很伟大的事。而现在我们发现，有的年轻人正在做的事情在一两年以内就开始影响世界，他们公司的估值甚至达到10亿、20亿美元。我第一次到Facebook（美国社交网站）访问时，发现它的创始人大概30岁不到，就已经掌控了一个2000多亿美元市值的世界，并且在这个世界里影响了8亿人的生存状态。我感觉我们这代人开始变老了。

当察觉自己开始变老的时候，有什么办法参与年轻人的世界就变成一个非常重要的问题，为此，我做了三件事：

1.过去、现在和将来，我都将通过新东方的培训帮助大量学生进入中国乃至世界更好的大学；

2.过去我每年都会对200多万大学生和中学生进行演讲，通过演讲，我至少能从学生们中间捕捉到追求生命的火花和追求未来的期望，听过我的话，他们的生命也或许会从此发生改变；

3.投资年轻人。

洪泰基金成立的时候，我说我愿意终生与年轻人为伍，这也是我要把“俞老师”这个大众称呼改成“洪哥”的原因。我看到年轻人跟盛希泰交往的时候叫他“泰哥”，拉近了年轻人与他之间的距离。我也要改，我要改得好一点，显得老道一点，我要改成“洪爷”，结果盛希泰说那他要改成“泰爷”，这一下我又吃亏了，我说干脆我改成“洪哥”，这样“泰哥”“洪哥”平起平坐。有意思的是，在我把这个称呼发到朋友圈后，一夜之间，给我发项目计划书、发各种各样的人生咨询邮件的年轻人，都把对我的称呼改成了“洪哥”。

这个世界的未来永远属于年轻人，不管他们有多少缺点。我希望等我离开这个世界的时候，我的墓碑一定要刻上这句话：“他一生与年轻人为伍。”如果那一天只有一个人来看我，我希望这个人不是徐小平，而是一个年轻人。

在对的时间做对的事

> 如果某件事情，你能够轻轻松松做成，那不叫有能力。要去做有挑战的、能让自己更进一步的事情。而创业就是这样的事情。

任何人都不能拖着自己的头发脱离地球引力，一个人是根据自己拥有的资源和能力，依靠自己的理想和动力做事情。如果某件事情，你能够轻轻松松做成，那不叫有能力。要去做有挑战的、能让自己更进一步的事情。而创业就是这样的事情。

如果说创业者没有资源、没有能力，却定了非常高的目标，那他一定会失败。但如果创业者的资源和能力都很不错，却只做了一件小事情，也算不上什么成功。我认为，做好一件事，一定是资源、能力和理想相加，最后的结果不是等于3，而是300，这样的一个过程。

所以你做的事情一定要比你现在拥有的资源和能力要大，但也不能大到自己根本没法控制。前段时间，我的朋友圈里还流传着一个从2013年到现在互联网创业公司死掉的名单，我初步算了一下，有两三百家，大部分公司的失败应该都是因为资源和能力没有配置好。我当初从北大出来的时候，以当时的资源和能力，只能办一个小小的培训班，等培训班发展到一定程度后，我发现以自己的资源和能力，可以办一个大的学校，然后又发现，可以把学校开到全国各地去，再后来就做成了一个上市公司。

今天，以我的资源和能力，应该能够做比上市公司更加有意义的事情。就像你有了钱不能存银行，因为银行的利息给得再高，连6%都不到，是不值钱的。在有限的人生里，如果不去开拓新的领域，不冒风险，尽管一生可能会很保险，但也是最不值得过的人生。

就像钱只有在不断流转的过程中才能创造价值。现在我拥有的经济资源、社会资源都足够丰富，在这种情况下，如果不把这些资源整合起来做点事情，就是一个傻瓜。

而资源整合最重要的，就是找到合适的合伙人。当初我创立新东方后找到了徐小平、王强，把新东方做强做大了。现在要做投资，也要找到合适的合伙人。后来我碰到了泰哥，我们俩一文一武、一张一弛的感觉，觉得很契合。当然最重要的是理想一致，价值观一致，这是必须的。这样一配合，我们俩就把洪泰做起来了。

不久前，我看了一场电影《模仿游戏》。讲的是第二次世界大战期间英国杰出的数学家图灵帮助盟军破译德国的密电码Enigma的故事。如果没有图灵，“二战”可能至少还要2~3年后才会结束，也可能会多牺牲1400万~2000万人。然而这么一个大英雄，最后被英国的同性恋法律“憋”死了。之前也不断有传闻，乔布斯创立的苹果公司以被咬了一口的苹果做logo（logotype，徽标），正是为了纪念吃毒苹果而自杀的图灵。我为什么要讲这个故事？其实中国的未来就是发现像图灵、乔布斯这样的年轻人，不断给他们创造宽松的环境，为世界创造发展契机，为人类谋求福利。

我是拥有资源的普通人，所以我跟希泰下定决心，用我们的余生服务于创业者，让有激情的年轻人能够通过和我们一起共同努力，来把这个世界打造得更加美丽。

我 的 心 得 和 收 获

第 2 章

什么样的人适合创业?

我 的 困 惑

做创业成功的刘邦

> 创业不是说说就能成功。很多创业者的项目做到一半就难以为继，原因是创业者本身没有做好准备。

创业是不是凭着一腔热血就能做成？汉高祖刘邦其实是一个没有太大创业热情的人，因为他在当时是一个亭长，相当于现在的镇长，县里的干部都是他的好朋友，没事喝喝酒、聊聊天，他觉得没有必要造反。但是，刘邦反而成功了。为什么呢？

这其中包含一个重要的创业观点：一个人的成功要有与之匹配的背景基础。所以我现在特别害怕什么都没想好，什么经验都没有，大学还没毕业就开始创业的人。最怕碰到热血青年，拿一个项目计划书，什么都没准备好，既没有人生经历，也没有创业经验，就说“俞老师你给我钱吧，给我钱就开始创业”。

当然，并不是大学没有毕业就不能创业，比尔·盖茨和乔布斯都是大学没有毕业就创了业，包括现在Facebook的创始人也是大学没有毕业就创业的代表。但大学生没毕业就成功创业的，在中国要少一些，美国要多一些。因为美国的社会机制更加简单。一个人有了好想法、好项目，尤其是好技术以后，只要继续做就可以了。组建团队时，每个团队的成员都知道自己的角色是什么，到底什么该做，什么不该做。然而，中国的大学生创业者组建团队时，每个人都想当老板。所以美国大学生创业比赛的成功率更高——因为它的商业模式、社会结构、人员定位、创投基金对企业的支持，要比中国的更加成熟。

我想说的是，任何一个创业者都必须做好充分的准备，创业成功的可能才会比较大。但现在很多创业者已经到什么地步了呢？创业计划书就是用一张纸写出一个想法。自己估值2000万到5000万人民币，然后说“俞老师你得给钱，你不给我就不走”。这当然是中国创新创业发展的一种现象，但更重要的是，很多人都没有想清楚，创业到底要干什么。

刘邦为什么会成功？刘邦的成功特别简单。

第一，他有足够的社会经验和背景。他本身就是个小官僚，他知道中国的官僚体系到底是怎么回事，他知道如果一件事情要做起来，搭建人才结构和搭建组织结构的重要性。在当时，造反派远远不止刘邦和项羽两个人。但只有刘邦最开始就着手搭建人才结构和组织结构，并把这个结构搭建得非常好。

第二，刘邦知道什么人应该用在什么地方。他从来没有乱用人，每一个人都用得非常到位。

第三，刘邦用的这些人帮他搭建了一个很好的建国团队。

第四，国家还没有成立的时候，刘邦的组织结构就已经搭建起来了。

不要以为公司的组织结构不重要。开心网大家都知道，它本来应该做成中国最大最好的互联网平台，成为一个年收入几千万的游戏公司。他的创始人回过头看，认为自己纯粹专注于技术，忘了在最关键的时刻搭建公司的组织结构。还有一个典型例子，凡客。我觉得他们的口号、宣传做得非常好，在上升期时，我对这个公司是绝对看好的，只要它保持原来的发展思路，再把公司的组织结构做好，一定会有长远发展。但是凡客犯了一个严重的错误：为了投资人的愿望，为了上市，拼命追求公司要有更大的规模。凡客过去是卖跟青年时尚相关的所有东西，但是后来所有东西都开始卖。直到有一天，创始人陈年走到库房里，发现什么都卖了，发现不对了，却已经回不去了。这就是在公司发展过程中，组织结构不严密以及管理上失控带来的困境。

如果每一件事情真的那么容易干成，那项羽为什么失败？项羽犯了两个错误。

第一，他认为自己是全天下最优秀的人才。他的手下没有谋士、将领，全被气跑了，留下一个所谓的亚父，到最后也被气跑了。

第二，项羽认为自己只要下一个指令就行了，没有一点组织结构的概念。所以，他攻下整个秦帝国以后，只做了一件事情，就是分封。他自己都没有想过要造一个帝国，只想着衣锦还乡，完全不听任何意见和建议。最后的结果就是兵败。

所以，创业不是说说就能成功。很多创业者的项目做到一半就难以为继，原因是创业者本身没有做好准备。

人生需要不断学习

> 什么是有进步的事情？我今天有没有读书？每天坚持读书，吸收新鲜事物，让自己有所进步，这就是我想告诉大家的人生箴言之一。

上大学时，我给自己定了目标：考试成绩要到60分，尽可能多读一点儿书。那时，我看了不少徐小平家里的书和从学校图书馆借的书，也看了王强不少书。我觉得在大学最少要读400本书，有些书是可以翻翻就过去的。另外要有5~10本书反复读，不管是专业书籍还是有思想性的书籍。读到最后，把书里的思想变成自己的，并且能用自己的语言说出来，这样的读书才算是“入味”了。

我上大学时在医院待的那一年读了近300本书。大三大四的时候，我跑到北大西面的一个农村里，跟一个农民交换，他给我一个几平米的房间，不收我房租，我负责他儿子的学习。那段时间我的生活很平静，有好多时间读书、学习。当时我并没有想到读这些书对我有什么用处，但是它却养成了我读书、独立思考，并且从书中寻找自己世界的习惯。

可能会有人说，我们现在没有时间读书。我完全不相信。现在的大学生，到期末考试的最后一个星期才拼命学习。注意力分散，每过5分钟就要掏出手机看一看，很多人的注意力已经不在对他们人生最重要的地方了。大部分人肯定都没有我忙，但我仍在不到3个月的时间里，读了60多本书，都是能启发人思考的书籍，有历史书、哲学书，还有指导现代商业潮流和未来世界发展方向的书。我还做了30000多字的读书笔记。

有人问我，俞老师，你为什么还要读书呢？我的答案是，因为确实只有书中的思想才能够引导我们走向未来。我们都知道人是一种受思想指引的动物，思想走到哪里，我们就会走到哪里。我2004年又回到董事长的职位上时，就阅读了很多关于管理的书籍，开始明白应该怎么做，怎么变革新东方。

所以，我每天再忙，读书也不少于50页，这是我的读书习惯。我给自己定了个雷打不动的读书时间：每天晚上11点到12点半。在高铁站等车时也会读书，大家每天早上坐地铁的时间更可以用来读书。或者，每天花一个小时左右的时间，专门读微信上推送的各种文章，这些文章中蕴含知识和思想，许多都是摘选自书中，也能激发你大脑的思考以及洞察的走向。读书的时间挤一挤总会有的。

去年，在热闹的中秋节和国庆节，我选择了待在家里，除了发呆之外，就是阅读。人发呆的耐心总是有限的，除非得了阿尔茨海默症，否则发呆时间太长，脑袋会更加混乱，更容易得阿尔茨海默症。最好的办法就是拿书来读，这恰恰也是书最大的用处。当全世界都抛弃你或者你抛弃了全世界时，唯一对你不离不弃的就是你手头的那些书籍。一个假期，我读了几本书，做了些笔记，免得读完就忘。以后的岁月里，我再翻看到这里，就会知道自己读过这些书。近几年随着年龄的增加，我发现刚刚做过的事情就恍如隔世，而隔世的事情却慢慢近在眼前。

人生是需要不断学习的。我认为，我们每天都要对自己的时间有所分配，每天都要做一点儿有进步的事情，每个人都应该这么想。什么是有进步的事情？我今天有没有读书？每天坚持读书，吸收新鲜事物，让自己有所进步，这就是我想告诉大家的人生箴言之一。

创业不是大学生突发奇想就去做的事

> 任何人有好的想法，都可以把自己的想法变成自我发展的一部分，但并不一定有好的想法就必然要去创业。

“创客”，英文中的“Maker”，简单说，就是有梦想，有行动的创新者。自己如果有好的想法和好的设想，把这个设想卖给别人，或者把它实现再卖给别人，这是创客行为，是一个个体、小团队的行为，所有人都可以做。

“创业”则是建立和经营一个公司的行为。任何人有好的想法，都可以把自己的想法变成自我发展的一部分，但并不一定有好的想法就必然要去创业。因为有很多想法并不能支撑起一个公司，它可能是轻技术和新思路的一部分，完全可以通过创客行为，慢慢地融入大公司，或者不断让它完善，以后可以卖给大公司。许多人都符合创客的定义，尤其是大学生。

创客要创业成功，谨防伪创新。现在很多人的创新项目都是“跟随式”，比如把国外商业模式复制到国内，一线城市的创新点子拷贝到其他地方，这种情况在农产品电商、O2O（Online To Offline，线上到线下）项目里特别多。与美国、以色列等创新型创业比较发达的国家相比，我们缺少真正的创新。中国的大部分创业项目要么是模仿，要么是雷同，要么是忽悠，真正有创新的项目可能连1%都不到。因此，创客应该一边不断熟悉商业模式，一边不断思考创业点的创新性。

创客一定要找到好的合伙人，可以是你想合作的创业公司，或者你自己组建的创业团队，大家共同努力，才能把事情做成。在大时代，成功就是做自己想做的事情，聚集有同一志向的人，实现自己的想法。

创客要敢于提问，敢于怀疑，敢于思考，敢想敢试。有的人安于现状，一辈子喜欢稳定的状态。而我是典型的“闯江湖”

的性格，总希望生命力也好、事业也好，能通过更多的突破点得到更多发展，寻求更大的舞台。在我追求的突破点中，有很多是失败的，但我还是鼓励创客们敢想敢做，年轻人更应该有这样的想法。这辈子能丢什么呢？只要不是把命丢了，其实什么都没丢。

创客要愿意和善于倾听意见和建议。不管是外行人说的，还是内行人说的，100句话中只要有1句话刚好启发了你需要做出改变的灵感，就是有益的。如果来了两个人，你觉得他说的是外行话，从此再不接触，这是封闭的表现。其实有时候，外行说的话比内行更重要。再回到《模仿游戏》，你知道图灵解密的灵感是怎么来的吗？就是因为和他的同事交往的一个姑娘说，她觉得发电报的人是有女朋友的，图灵问她为什么，她说尽管对方用的是密码，但发报人每次发报都以同样的5个字开头。他的思路一下子就被打开了，一个什么都不懂的小姑娘偶然帮助图灵解开了德国的密码。你为什么不愿意听？

只有好想法
不能支撑起一个公司

> 作为一个创业者，不要妄想一下子就取得成功，而应该轻装上阵，通过这份事业让自己走向更远的未来，这一点非常重要。尽管有时候会感到疲惫，但是当面对未来世界的时候，依然感到兴奋。我认为这才是创业者的标志。

我不喜欢这样的创业者，他们只想赚钱、急于求成。

有些创业者一上来就说，俞老师，只要你给我投钱，我保证三年以后给你一个上市公司。我会跟他说，我要的不是上市公司，我要的是你投入地做一项有意义的事业，给社会增加价值。做到以上两点，如果你能同时把它做成一个上市公司，我会非常开心。如果没有做成上市公司，但这个项目依然在为社会做贡献，我也会非常开心。

我想告诉创业者们，我作为投资人，投的是你是否能为世界带来某种增值，而不是给我本人带来钱财。坦率地说，我追求的若是个人享受，就不会选择投资创业，还要承担投资失败的风险。我要的是参与你生命的灿烂，因为我的生命灿烂过了，再次灿烂肯定有困难，所以你的生命灿烂就等于我的生命灿烂，我要的是这种感觉。因此，不要告诉我，你可以为我带来钱，我更希望你带来别的东西。

我也不喜欢声称想要快速做成事情的创业者。Facebook在做大以前，也只是扎克伯格在自己的房间里做的大学网站。新东方成立的头三年，一年也只有5000个学生，虽然现在每年有300万学生在新东方学习，但这个数字并不是一蹴而就的。事情是一点一点来的，一辈子只要把一件大事做好就够了。两年就做成一件大事，一辈子做成一百件大事，这样的人我反正没有发现。

我刚成立新东方时用的方法很简单，从一个项目入手，只做托福班，把一个班变成两个班、三个班，目标是占领整个中国的托福市场。那时候其他人既做GRE，又做托福，都是综合型的，而我只做托福。就这样，我用了一年时间打遍整个北京，北大的托福班都关门了，全国各地的人听说我这里的托福班很厉害，不远万里跑到北京，来找地方住，就为上新东方的课。到这个时候，我才告诉我的同事，我们现在要开第二个课程——GRE（美国研究生入学考试），因为来上托福的学生大部分都要接着上GRE。开始没做GRE有两个原因：第一，还没有找到合适的GRE老师；第二，我同时管两个项目根本忙不过来，担心两个都做不好。因此，我用了一年时间培训GRE老师，跟托福班的其中3个老师说不要上托福课，专心为GRE课程备课，我们4个人加在一起，如果GRE能讲到顶级状态就开课。当时备课一分钱没有，但是只要能讲GRE，工资立刻就是讲托福课的一倍。GRE课程一举成功，4个老师一下子10个班打遍天下，3个月时间就占领了中国的全部市场。接下来，项目我还是一个一个地去做。

一个人做事情其实是要沉下心来的。我有一个规矩，如果一个人给我发商业计划书，发完了明天又给我发一封，后天又发了一封，我立刻全部删除根本不看，因为一个星期内连续给我发三次商业计划书意味着这个人很浮躁。

创业者不能太急。佛教中有句话叫“急事慢做”。我曾经看过一个纪录片，讲亚马孙河流域的蟒蛇。它们平时的行动并不是很迅速，吃完一个动物以后至少一个月不吃饭，想吃东西时才会埋伏在某棵树底下，让树叶和草把自己盖住，慢慢等着某个不小心的动物走到它跟前。那时，蟒蛇才极其迅速地跃起来一口吞下去，几乎从不失误。在现在这个商业瞬息万变的年代，我们当然要抓住机会，迅速出击，但在你找到真正的机会以前不要随便乱动。

创业是一个长期的过程，没有最后的成功，只有不断的进步。每一个成功的企业家，不管年龄多大，也依然在天天想着继续创业。柳传志把联想电子送上市后，又把联想控股送上了市，并且继续投资所有的创新创业项目。马云和马化腾每天都在想着第二天会不会被竞争对手超越。

所以，作为一个创业者，不要妄想一下子就取得成功，而应该轻装上阵，通过这份事业让自己走向更远的未来，这一点非常重要。尽管有时候会感到疲惫，但是当面对未来世界的时候，依然感到兴奋。我认为这才是创业者的标志。

创业，就是不知疲倦地翻越每一个山丘

> 自己既有成功的喜悦，同时又在为社会提供优质的、有价值的服务，我觉得这才是创业者的良性压力。所以，我鼓励大家创立自己的事业，丰富人生经验，把握成长机会，更鼓励大家有准备地创业。

我觉得一个人的一生是非要创业不可的。可以一个人创业，也可以一群人一起创业，还可以成为创业项目的一员。但重要的是，创业意味着你在为自己的生命做主场，在为自己的才能搭建舞台和平台，所以我一直鼓励大家创业。

但我与不少创业者打过交道，很多人在创业一段时间后，都有身心疲惫的感觉。尤其是心理上的紧张程度，已经到了自已难以忍受的状态。这跟近年鼓动年轻人拼命创业的风气有关——前有事业需要拉动，后有投资者的敦促，也跟现在急功近利的创业环境和恨不得一天就能成功的心态有关。在创业的征途中，很多人都被困在自己的急功近利上，紧紧盯着那个仪表盘，每一英里都充满着焦躁。

创业和创新，这两件事情毫无疑问是伟大的。任何国家、企业、团体离开了这两种精神，都将失去活力，没有进步，没有突破，没有颠覆，没有成长。但当创业创新变成一句人人都能喊的口号，以至于不分人群、不分群体，所有人都被忽悠到所谓创业创新的渠道上来的时候，问题就产生了。

一是资源的浪费。政府投入了大量资源，像新东方一样已经算所谓功成名就的企业也投入了不少资源和精力。但实际上，创业是有规律的。一个公司的成长会受到一定的时间、空间和环境的限制。我们能看到，过去两年之内在中国成立的几十万家创业公司中，现在真的还充满活力和前途的，应该能数得清楚。一两千家，这个数字是最了不起的情况。我们也可以看到，曾经轰轰烈烈、估值几十亿或者上百亿美元的公司，其中有部分，现在的估值成了原来的十分之一。这十分之一的估值才是某种意义上“理性的估值”。

二是人才的浪费。很多年轻人在开始创业前，如果愿意进一步丰富自己的人生经历，让自己在判断和决策方面更成熟，创业会更容易成功。像我一样50岁左右的这一代创业者，是中间层靠下一点的创业者，也是现在中国民营经济创业者中成功的最典型代表。所有真正成功的大的创业公司，决策人基本都是40岁到55岁的这一批人。大家都在讨论这个现象，但实际上，我们这些人中的百分之八九十，在创业前都有五六年甚至七八年工作经验。同时，大部分人的创业也不是一次就成功的。大家最喜欢讨论的马云，其实阿里巴巴是他的第五个公司。

创业者把一个小公司慢慢经营成一个大公司，可能需要十几年，也可能只需要五六年，甚至三四年就能达成。时间可以缩短，过程可以加快，但过程中对逻辑、商业敏感性、客户忠诚度以及发现客户、团队建设等能力的锻炼绝不能忽略。我当初经营新东方时就是从居委会的老太太开始，到街道办事处、海淀区教育局，再到海淀区政府，用了七八年时间跟所有这些可能给我支持的人打交道。

自己既有成功的喜悦，同时又在为社会提供优质的、有价值的服务，我觉得这才是创业者的良性压力。所以，我鼓励大家创立自己的事业，丰富人生经验，把握成长机会，更鼓励大家有准备地创业。

我自己作为老创业者，有一整套对于预见项目、预见事情如何做好的观点和看法。当然也可能是顽固僵化的观点，因为在现在这个互联网时代，任何过去的经验，似乎都不足以俯瞰未来的成功。作为投资人，我的每一笔钱花出去，都是希望有回报的，所以对创业者的判断，就会变得非常苛刻。在这个意义上，我作为一个出身于创业的投资人，对项目的判断都会落到实处。

尽管在头脑发热的时候，尤其是在经济发热的时候，投资人们会争抢，比如2015年O2O最兴旺的时候，大家拼命地抢数据不错的项目。但事实证明，那些数据不错的项目到最后都遇到了巨大困境，而在这样的困境中，那些真正关注商业模式的项目，反而不光活了过来，而且还进行了A轮、B轮的后续融资。

有了好的创始人，可靠的商业模式，接下来就要看有没有与之匹配的创业团队来实现整个项目。有一些创业团队，四五个人、七八个人喝顿酒，吃餐饭就凑成了，每人拿着10%到20%的股份，说哥们儿我们开干吧。到最后发现整个团队是乌合之众，要么没有真正的团队分工，要么没有良好的团队合作和未来发展的机制。这样的团队比较容易出问题。我在过去两年间，对这样的团队进行过跟踪，最后发现其中80%的都散架了。我还发现，反而有一种团队很稳健。就是创始人先独立创业，随着项目需要不断引进人才，这时候更容易形成领导和团队的良性组合，使项目走得更远。

实实在在的创业领袖，实实在在的商业模式，实实在在的创业团队，这三点加在一起，创业项目存活并且壮大的可能性会更大。

不管目标在哪里，你一定要给自己充分的休息时间和加油时间。随时随地在你还有余力的时候增加你的力量。我只想告诉大家，创业其实就是循着正道，循着你的目标，充满耐心地补充好能量、组建好团队、防范好意外地一路前行，不要放弃，也许最后你就做成了。而时间，可长可短。

创业之前，先审视自己

> 大家都想创业，谁不想当自己的老板呢？可是你得问自己几个问题：我为什么要创业？我有什么样的目标？我想把它做成什么样的状态？

创业之前，请先审视自己是否具备以下几种能力。

第一个能力是目标能力。大家都想创业，谁不想当自己的老板呢？可是你得问自己几个问题：我为什么要创业？我有什么样的目标？我想把它做成什么样的状态？我们不是为了创业而创业，而是为了做好、做大一件事情，并且前提是在进行自我评估后，发现这有可能实现，这时我们才能开始创业。如果没有目标，只是一时冲动，觉得自己应该干点什么，但其实对所干的事情也没有太多热爱，那创业就只能沦为口号，而非实业，极有可能一事无成。所以，我觉得目标能力对创业非常重要，是否热衷于实现这个目标也非常重要。

第二个能力是专业能力。如果对自己创业的领域没有一定程度的了解，失败的可能性很大。20多年前我开始做新东方的时候，周围的很多培训机构都是被优秀老师炒鱿鱼给炒倒了。新东方当初能坚持下来的一个很重要的原因是，我自己就是个好老师，当时开设的很多课程我自己都能教，因此和我一起工作的老师只要能拿到自己觉得满意的工资，就不会跟我提其他非分的要求，他们知道，一旦要求过分，我自己就能顶替他们上课，不会对新东方造成太大伤害。所以，当你白手起家、身无分文，或者资金有限的时候，有一个重要前提，那就是：你必须是你创业的这个领域中的专家，是一个能掌控大局的人。

第三个能力是营销能力。创业开始后，你该怎么做？你创建了公司，产品也造出来了，该如何推销产品和公司品牌呢？创业后我们要做的是把公司“卖”出去，不仅要卖公司的产品，更要卖公司的品牌，得到大众的认可，知道这个产品是这家公司卖出来的。这就涉及营销，包括实的营销和虚的营销。所谓实的营销，就是营销产品；虚的营销，就是营销品牌。此外，在中国经营企业，品牌营销往往还跟个人营销结合在一起，个人品牌的成长很大程度上就是企业品牌的成长，而企业品牌的成长倒过来也带动个人品牌的成长，这两个加起来形成公司强有力的虚的营销。有时候，品牌营销甚至比产品营销还要重要，因为品牌营销的价值是无限的。所以，营销能力是你发展企业必须具备的能力。

第四个能力是转化能力。第一种转化是把科学技术转化成生产力。你拥有了技术，拥有了能力，但没法转化成产品卖出去，这是不行的。如果比尔·盖茨一辈子只是待在实验室，可能最后就是个穷光蛋。第二种转化是把你个人的专业知识转化为社会能力、管理能力。比如，你管自己一个人也许管得很好，但管一帮人就不行了，这时候就需要把专业才能转化成领导才能。当然，这种转化会经历非常痛苦的过程。拿我自己来说吧，我花了至少五年时间才开始在管理新东方上感到得心应手。能力是不断成长的，关键是要努力学习，提高自身技能。

第五个能力是社交能力。进入社会后，要学会主动理解他人，理解别人为什么要这么做。当你开始融入，甚至思想和境界超越社会平均水平的时候，大概就能干出点事情来了。“大隐隐于市，小隐隐于野”就是这个概念。有小智慧的隐士跑到山野间隐居起来，不愿意跟社会打交道；大圣人、大智者隐居在社会中，跟社会人打交道，但思想境界又超于社会人。做事业就是要与人打交道，所以，我觉得社交能力对一个企业家或创业者来说十分重要。

第六个能力是用人能力。仅仅一个人做事情不能叫创业，那叫个体户。想创业的话你就得找一帮人，你的合作伙伴、同事、下属，这些人从一开始你就得用对了。挑了没有能力的人最后做不出事情来；挑了过于有能力的人你就要增强自己的领导能力，让众人信服。用人能力是领导能力的一个典型体现。当刘邦打下天下，手下问他为什么能做到的时候，他说了这样一番话：其实我自己一点本领都没有，但我能够用萧何、韩信、张良等这样的人才，是他们帮助我打天下；项羽身边有一个范增，他都没有能力好好用上，最后当然被我打败了。这就体现了领导能力的重要作用，一个孤军奋战的人也许能成为英雄，但他却不能成就事业。

第七个能力是把控能力。包括对企业的把控，企业的发展速度是什么，发展节奏是什么，什么时候该增加投入，什么时候应该研发新产品，等等；也包括对人的把控，在一个人走进你的公司之后，他会根据自己的能力和贡献每天衡量自己到底应该得到什么，人与人之间永远都在寻找一种平衡关系。比如，人们会衡量自己在对方心中的分量到底有多重，当他觉得自己在对方心中的分量还不够重时，他是不会来跟你计较的；等到他觉得自己的才能、技术或者领导力已经达到能和你较劲的水平的时候，如果他不做出任何行动，那他就是傻瓜。所以，人与人永远都是处在某种平衡中，而这种平衡需要你对人性有深刻的了解，并且随时把握每个人的动向，满足他们的需求，同时还能压制他们不合理的要求和欲望，能让他们跟你一条心，不断往前走。所以，对人的把控能力、对环境的把控能力、对企业发展步骤的把控能力，构成了你创业是否成功的重要条件。

最后一个能力是革新能力。你需要不断把旧的东西丢掉，把新的东西引进来，进行体制上的革新、制度上的革新、技术上的革新，以及思想上的革新。在我看来，一个人或者一个企业家成长的过程就是不断否定自己的过去，承认自己的现在，追求自己的未来的过程。一旦你觉得现在这样就已经挺好，做成这样已经不错，你就不会有更大的发展空间。我在新东方经历了无数次否定，也进行了无数次改革，虽然每一次改革都伴随着阵痛，但也伴随着发展，最终让新东方成长到现在这样。所以，革新不能不走，只是每走一步都要小心。

以上提到的八种能力是我觉得创业中最重要的八种能力，也是人们能成就大事业的八种能力。

我 的 心 得 和 收 获

第3章

如何避免掉入创业中的“坑”?

我 的 困 惑

我心中的理想创业

> 我希望创业者既要保持创业热情，又要保持头脑冷静。

既然兼有投资人的身份，我也有对创业项目能否成功的基本判断。任何领域都可能会出现一个伟大的公司，所以，我对领域并不限制，只是会重点关注传媒、文化、教育、娱乐，以及与高科技和移动互联网相关的项目。但我不会只盯着“高科技”，还要看是否有技术突破，这对于普通的创业者来说是有一定难度的。

我在判断一个创业项目有没有发展潜力时，第一是看它是否由创新意识推动；第二是看它是否有广阔的发展空间，不管同一领域内的竞争是否激烈；第三是看它是否能够创造价值。

我心中理想的创业项目一定要具有颠覆性、创新性和先锋性，也要靠谱。而判断项目是否靠谱，评价的标准不外乎：有没有清晰的发展思路，有没有清晰的商业模式和聚焦点，项目是否符合大趋势等。现在不少项目除了资金缺乏以外，还有别的困境。事实上，很多创业者对自己的商业模式到底应该怎么走，分几步走，分几年走，每一步走到什么时候，花多少钱都没想清楚。

除了对项目本身做出判断外，我也会观察这个项目的创业者。

首先，这个创业者应该是个乐观的人，他对世界和中国的发展有信心，对我们这个时代的发展有信心。如果他本身对这个时代表示怀疑，就不值得我投资。任何事情，只要有失望，就没办法再进行下去。其次，这个人要对自己做的事坚定不移地相信，并能循序渐进地根据自己的想法一点一滴把事情做大，不急于求成。除此之外，这个人还要带有一定的领袖气质，团队建设能力比较好。底下的人愿意跟着他干，他也愿意跟团队分享成果。

我希望每个创业者在创业前都可以问自己，一是我真的有好的项目吗？这个项目真的有创新性吗？二是我在这个领域真的有经验吗？三是我真的能带领一个团队往前走吗？四是凭我的项目和项目计划书，我真的能找到钱吗？一定不要假想一个自以为存在的市场和自以为存在的客户。

当然，我也碰到过这样的情况：创业者的创意特别好，但本人特别不成熟，虽有创意，却没有作为创业者需要的其他素质。遇到这种情况我都会特别纠结，不投吧，是个好创意；投吧，很可能会白投。有时候，某个项目可能我回绝了却还在犹豫之中，这个创业者就此放弃，我也就会渐渐忘掉。可有些人不会这样，他们被拒绝了会说俞老师，你可以说我这个项目不好，也可以不投我，但是你作为创业界的前辈，能不能给我一点儿指导，告诉我这个项目到底哪儿有修改的余地。我会觉得这样的人想努力、有理想，值得我重新考虑。

我希望创业者既要保持创业热情，又要保持头脑冷静。我投一个事业，投的是能为世界带来某种增值的东西，投的是下一个马云、马化腾。

靠谱成就伟大事业

> 对项目是否伪需求的分析，直接关系到做伟大的事情的起点。

做公司有三个核心要素——“做伟大的事，找靠谱的人，分更多的钱”。而对项目是否伪需求的分析，直接关系到做伟大的事情的起点。你需要考虑一些问题：这件事情本身靠谱吗？你做的这个商业模式本身靠谱吗？

过去一年中我接了大量商业计划书，发现至少7成甚至8成都是伪需求。这些创业者自己创造了一个想象中的项目，觉得是一个生意，结果到后来发现走不通。

在这些商业计划中，有创业者想做反无人机系统，我觉得这就是伪需求，因为没人在乎是不是有无人机跟着自己。也有创业者提出了老年智能穿戴设备的设想，我认为做这套系统，监控和护理非常重要，但老年人真正需要的是摆脱孤独，广场舞比这个要重要。另外，老年人没有足够的购买力，还需要鼓动儿女去买。

还有创业者曾问我户外运动智能装备创业的发展前景。我认为要考虑三个前提：是否有足够资金，是否真的能实现，实现之后是否容易被别人复制。我个人认为这个领域很容易被大的户外运动装备公司覆盖。以我之前接触的一个项目为例，创意是尿不湿上加芯片，小孩子尿过尿父母立刻就知道。这件事情有需求；一部分卖给家长，收入几百万；更多卖给尿不湿厂家，价格20元1个，成本10元不到。但我判断，一年不到，尿不湿厂家就会自己做这件事，因为如果一年要卖几千万个尿不湿，算一算成本，就会发现还是自己开发划算。

当然，伪需求并不是没有需求，可能少部分人或特殊人群有这个需求，但是这些人全部加起来这个生意也做不大，或者做这个生意花的钱比赚的钱要多。创业者要首先明白做的事到底是不是市场真正需要的，再选择大的方向去做。

因为，事情做大了才叫伟大。以培训为例，中国的培训有足够大的市场，玩家进来要先想用哪个切入点。有创业者只要涉及传统行业就觉得丢脸，非要标榜互联网或智能制造的概念，这也是一个伪概念。

一个酷炫的概念不一定就是真正的商业模式。今天，在教育领域，很多人还在做家教的去中间化：搭建一个平台，一边是老师，一边是家长、学生；通过平台对接，去掉培训机构这个环节，老师可以在家里上课或者找一个地方上课，家长付的钱全部给老师。这样一个平台模式表面上可以把培训机构全部推翻，但是到现在为止做这种模式的机构，不管是融到1000万美元还是5000万美元，都非常迷茫。这里有一个要解决的问题，就是你自以为客户需要的东西到底是不是客户需要的。我们可以假想我们找到了一种商业模式，但是实际上这件事情根本就没人需要。

为什么那么多的互联网教育平台出来，很多都没有成功？一个重要的原因是，我发现他们找的痛点是错的。他们找的是老师多赚钱的痛点，老师到他们的平台上来，全额收取学生的学费，没有任何损失，因此三五万的老师来了，不需付出任何成本，就可以直接上课。但是另外一头真正的客户——家长和学生注册的人数却远没有老师多。你会发现事情的真实情况是：第一，大部分家长都知道周围到底哪个老师教得好，他们不上网也能找到好老师；第二，有一部分家长选择周边的培训机构，比如新东方，因为他们觉得这里更安全，而且老师不好还能换。另外，有一个问题，那就是很多家长不愿意老师来家里上课，很多老师也不愿意到学生家里上课，因为压力会很大，家长如果在旁边指手画脚，老师当场就会崩溃。还有一个问题就是，时间并没有节约。一个老师在一个学生家里教完马上打车去另外一个学生家里，路上花费可能半小时甚至一小时。所以，在这么多互联网教育项目的包围下，新东方的学生人数反而增长了20%。

颠覆是为了创造，而不是纯粹为了颠覆本身。我们要认真思考该做什么，不该做什么，而不是一哄而上，只为博一个名声。

只要不是要命的，就不是绕不过的坑

> 创业从来都不是一件容易和高成功率的事，期间要蹚过无数险滩与暗坑。

创业从来都不是一件容易和高成功率的事，期间要蹚过无数险滩与暗坑。我想根据自己的经历和经验与大家分享创业的四个大坑。

一、大公司病的坑

新东方的高级骨干出去创业，很多都遇到了非常大的困难，因为他们在新东方花钱是没有感觉的，一批就是几百万，所以他们设计的框架都比较大，成本相应也很高。但不管商业模式有多好，后续资金跟不上也很难成功。

家有三月余粮，这是中国老百姓最朴素的想法。其实这个想法是可以用在经营企业上的，也就是说，不能想着三个月后一定能融到资。我一般会告诉自己支持的项目的创始人，不管你现在有多少钱，一定要想办法节约，别铺张浪费，尤其在商业模式没有确定，收支不能平衡的情况下，不能随便乱花钱。尽管有的时候也会失去一些商业机会，但很多小型创业公司不能像滴滴、快的那样靠补贴做生意。不能因为背靠大公司，就得大公司病，花钱大手大脚，最后无以为继。

二、虚假商业模式的坑

任何创业都带有精英创业的色彩，中国人想到“精英”这两个字的时候会产生误解。其实精英的英文是“elite”，就是瘦小的意思。我认为，作为一个精英，要尽可能专注于商业点，基于这个点思考商业模式和未来的发展途径。

所以初期应该有两个方面的考虑。

第一个当然要考虑是否产生收入，甚至到最后是否能达到收支平衡。但移动互联网时代，如果只考虑这个方面可能会彻底陷入传统思维模式，要不就抢占不了先机，要不就无法继续进行。

第二个是要找到正在做的事情未来的商业模式，否则积累多少大数据也没用。太多数据已经做得很大，甚至有上千万流量的公司也倒闭了。没有商业模式，数据多大都没有用。

但数据也要关注，它是活跃度的体现。比如，我对写作领域和文艺创作领域很感兴趣，投资要看作品质量，就可以参考读者的活跃度和评价。

此时，要警惕虚假的收入模式。因为有时表面上有收入模式，如提成、佣金等，但如果收入永远低于支出，项目也无法长久。

三、合伙人的坑

这一点我在前面也反复提及。人生中有几个关键点选错了，会产生比较大的影响。比如婚姻，如果找错了人还生了孩子就麻烦了。找合伙人也是一样，合伙人跟你有利益关系，你们又分担了一些不被外人知道的秘密，如果出现纠纷，会有各种各样的麻烦，很多项目就是被创业者的合伙人折腾没的。

四、梦想与现实的坑

只要不是眼高手低，有美好的梦想总是对的。幻想是不切实际，但梦想不是幻想，梦想需要一定程度地切合实际，有实现的可能性。

避免梦想与现实的坑，有如下几个步骤。

第一步，你的梦想必须带有一点儿伟大的色彩。你一想到这个梦想就激动万分，而让你激动的东西一定不仅仅是能赚钱，也含有某种价值体系。

第二步，回到现实，设计实现梦想的路径，计划分几步走。虽然会有变化，但设计和不设计带来的效益是完全不一样的。以读书为例，如果我设计今年要读100本书，结果至少能读到80~90本。但是如果我不设计，一年可能只读三四十本，因为我不会想到我要达成某个目标，也就没有动力了。

第三步，在梦想变成现实的路上，要保持身心健康，这是完成梦想最必要的保证。如果身体不好，你的事业就麻烦了；

如果心理不健康，事业也无从谈起。创业者想要保持身心健康，不容易做到。因为创业本身就是有压力的事情，在压力之下，我们很容易在自己不知道的情况下心理扭曲，或者心态不正。所以保持身心健康实际上是对你的抗压能力、从容面对失败的能力提出的最大挑战。

商场如战场，要做到“守正出奇”

> 战争要守正出奇，商业也要这样。出奇也有一个线，就是“红线”。很多人会告诉你这件事情的红线，有时候可能是一条不合理的政策，有时候可能是你认为公司应该遵循的某个规章或者你个人的某种认知。

守正出奇，这是潘石屹30年前的合作伙伴冯仑最喜欢用的成语，他们“万通六君子”分开以后，每个人都变成了中国的名人。

所谓的“守正出奇”究竟是什么概念？“守正”就是要坚持做正确的事，坚持做长远的事，坚持做能够给社会带来正面影响的事，就是坚持底线。比如我们这一代人成长的时候，时时刻刻都可能会陷入非常危险的官商勾结的境地，有时候还有不勾结，这件事情就做不下去的感觉。但我们还是要坚持住做人做事的底线。现在大家都知道了，把这个底线坚守住的，都有比较好的结果；而坚守不住的，都已经以失败告终。

那什么叫“出奇”呢？就是用一些最新的、最让人意想不到的方法把你的事业、你想做的事情做成功。战争要守正出奇，商业也要这样。出奇也有一个线，就是“红线”。很多人会告诉你这件事情的红线，有时候可能是一条不合理的政策，有时候可能是你认为公司应该遵循的某个规章或者你个人的某种认知。这些东西表面上看是红线，但实际上，有些是可以突破的。突破以后你才可以把事业做大做好。

比如我讲过的一个发生在我自己身上的小故事。有一次，我带着一帮朋友，大概十几个，都是企业家，到呼伦贝尔草原玩儿。那是个像Windows桌面背景一样漂亮的草原，但是它被围起来了，这样一来，我们就无法进入，也看不到草原的全景了。我就踩着铁丝网，准备爬上去。结果其中一个朋友把我拉住了，说你千万不要去，万一围铁网的人看见了，以为你要搞破坏呢？我想，景区的居民不至于这么不友好吧，最多被骂一顿，应该不会有什么严重后果。而且他们围铁丝网虽然一定有原因，但应该不是为了阻拦我们去到草原顶端看全景，所以我坚持翻了过去。爬到顶后，我看到了非常漂亮的景色，满坡的牛羊，满地的野花，我高兴地大喊大叫，那些人也就全都过来了。后来我们知道了，这个铁丝网是用来围住这个草场，表明这个草地是这一家人的；另外，它把牛羊围起来后，牛羊就出不去了，跑不掉了。大概就这两个作用，根本不是用来防人的。因此，表面看一件事情可能不能做，但是做了却可能带来不同的发展。

我再用新东方举例。新东方要上市的时候，是一个培训机构。国家有明确规定，培训机构是事业单位，不能上市。我就做了两件事，首先成立一个公司——新东方教育科技集团。公司是通行的，学校跟公司没有关系，我从法定代表人变成公司法定代表人。培训活动谁都可以举办，单位和个人都可以，比如北大举办的北京培训中心，这个不违法。然后，我把所有的研发、师资、培训、科技创新全放在总公司，这些总公司产品发展成熟后再分给各个学校，在国家规定的范围内关联交易，学校的一部分收入就会变成公司的收入。新东方上市到今天，学校体系没一个上市的，但是新东方学校体系的所有运营都可以归入到总公司，因为公司对学校100%投资，对每个学校进行产品的总分化。新东方要上市的时候，我怕万一这样在国家规定上是违法的，就先跟教育部的人聊了聊。当时教育部说以前没有这个先例，我说试一试，万一新东方的尝试带来的是培训领域新的春天，不只对我们好，对国家、对社会都好。后来新东方在美国上市一举成功，也从一开始每年交几万元税收，一直到现在的每年几亿元。这种时候你必须去说服他们，为什么要试。上市以后，新东方还迅速做了一件事：成立自强奖学金，每年赞助2000个大学生的学费。

在这个过程中，我反复研究，这样一条红线，什么是安全的，什么是不安全的。所谓守正出奇就是要打漂亮仗，空城计有时候也要唱，还要唱得漂亮。把理想建立在守正出奇的概念之上，就是要永远坚持正确的东西，并且随时出手，打法灵活，那样你做事情成功的可能性就会大很多。

创业成功要关注四种人

> 我一直认为互联网本身不等于商业模式，互联网的出现只是带来了新的商业模式的发展契机，可以把传统市场和新市场结合起来，而并非商业模式本身。如果发展完全不符合客户需求的模式，效果反而会适得其反。

我认为创业要想成功，需要关注四种人：客户、创始人、合伙人、投资人。把这四种人照顾好，创业一定会成功。

第一种人是客户。大家都会说，客户不是现实存在的吗？但是为什么那么多项目都死掉了？原因就是他们没找对真正的客户，或者没弄清楚客户真正的需求。这很像谈恋爱的时候，如果对方心里根本就没有你，你买多少钱的东西、送多少礼物都不管用。如果说对方心里有你，可能你什么都不用做，对方就会自己来找你。

所以创业者必须深刻了解客户内心真正的需求是什么。对于家长来说，他们考虑的重点不是和老师直接对接而省下的钱，而是孩子的前途是否要压在一个不认识的老师身上。许多中小学生连接触到视频都很困难，线上视频教学也很难把握孩子的自觉性，因此，我们要做的是用互联网加强老师、学生及家长之间的联系。

过去的几年，无数人都在骂我，说新东方很落后，因为新东方进入教育互联网，真正用互联网改变教育这件事情，做得太慢了。但我一直认为互联网本身不等于商业模式，互联网的出现只是带来了新的商业模式的发展契机，可以把传统市场和新市场结合起来，而并非商业模式本身。如果发展完全不符合客户需求的模式，效果反而会适得其反。我忍气吞声到今天，终于看到一批批在线教育死掉了。

第二种人是创始人。我一直认为创始人并不是每个人都能做的，如果中国这么多人，每个人都能做成生意，那市场就没法继续发展了，因为没客户了。所以，我觉得不管有多少人创业，死掉的一定是大部分，而活下来的就是有创业者精神的创始人。作为创始人，你怎样寻找商业模式，怎样面对未来走下去，想清楚这些事情非常重要。

尽管创业的过程能锻炼创始人的能力，但我一直认为一些基本能力是不经历创业也能看出来的。以我自己为例，我身上有两样品质非常重要：一是非常精明，我知道应该怎么赚钱；二是非常大方，我知道赚钱后必须把钱分给别人。

第三种人是合伙人。有媒体发过一篇文章，标题大意是说我跟盛希泰做合伙人，比和徐小平、王强做合伙人好。这是一篇完全“标题党”的作品。

不同合伙人有不同的合伙特质，我经营新东方的时候需要徐小平、王强的相关学识和专业能力。而我现在和盛希泰合作创立洪泰基金，因为他是很实干的人，经营能力也很强。结合我们俩不同的特质，能把洪泰基金做得风生水起。不同的时期找不同的合伙人，每个人都有良好的分工，这样大家的目标事业才能一路前进。

第四种人是投资人。大家绝对不要小看投资人，事实上，投资人是全世界最精明的人。碰上傻投资人的可能性不大，因为投资人是要赚钱的。他们不光要为自己赚钱，还要为别人赚钱，而且大部分投资人都是有创业经历的。

成熟的投资人看项目的时候是非常冷静的，他们反复考虑，对你的商业模式反复琢磨。所以，不要以为你写个漂亮的商业计划书，穿着漂亮衣服忽悠一下，他们就真的把钱给你了。在我看来，如果没有踏踏实实的精神，没有创新能力，没有带团队的领导能力，那么不管你的商业模式多好，都没人投你。因为你能想到的商业模式，别人也会想到，但别人具备的某些能力你不具备，那么后起之秀也可以做得比你好。

先让自己跳下水

> 创业必须从安全的地方开始，这不是需要大跃进的事情，不是一上来就铺开做大的事情。创业是从小事做起，逐步做成大事。

在创业这条路上，实践比理论更加重要。

就像游泳一样，创业最重要的是，先让自己跳下水。不过要注意，不会游泳就不要跳进深不见底的大海，因为如果没人救你，你铁定会被淹死。你可以从能踩到底的游泳池开始，慢慢学会游泳。我小时候游泳是从河渠开始学的，慢慢再到小河中间，后来到池塘中间，紧接着到长江中间。我8岁就去过长江游泳，现在也能在大海里游泳。创业也是这样一个循序渐进的过程。如果有人帮你，可以大胆一点儿，比如一上来就先找够不着底的河去游，学会游泳的速度可能会比我的速度快很多。

总之，创业必须从安全的地方开始，这不是需要大跃进的事情，不是一上来就铺开做大的事情。创业是从小事做起，逐步做成大事。你可以慢慢从零做起，大胆地将你的商业计划、商业模式告诉我们。说服我们了，我们就会给你安排场地，给你钱，对你进行保护，这是我们作为投资人应该做的。但先跳到水里这件事特别重要，不管你是从什么状态开始学习游泳，你都得先跳下去，你得踏出第一步。

我一直认为创业这件事情一旦开始，是很难有回头路的。你从小到大在学校学习，一直处于安全环境中，一旦你开始游泳，学会游泳了，在大海里游习惯了，就一定不会选择回到当初学习游泳的游泳池。就像你现在让我再次选择，我仍会选择辞职创业一样。因为我发现，外面是可以为更大的梦想而奋斗的世界。创业就是将一条家犬变成一只狼的过程，一旦习惯狼的生活，再想回到家犬的状态几乎是不可能的，而且我也鼓励将这种状态持续下去。因为人的生命就是一种扩张，就是在未知的道路上探索，遇见一个个人生中的意外之喜，只是这种意外之喜会伴随着很多艰难困苦。

但这也是一件好事，我总结我人生中的几大挫折，发现它们给我带来的都是好处，发现有时候相反的东西是另外一条生存道路的展现。大家都看过《中国合伙人》，里面黄晓明扮演的成冬青办签证再次失败后高喊“美国人民需要我”，实际上我喊的是“我需要美国”。但是天无绝人之路，我没有去成美国，却创办了新东方。因此，这么多年的生活磨砺，我养成了一个心智模式，即认为生命中的任何一个伤痛都会让自己成为更好的人。如果你也这么认为，那你在遇到很多事情时就能抓住一切机会，向前探索。

有这样的心态、这样的勇气、这样的行动，并在行动中不断完善，创业这件事情就离你不远了。至于事业的大小则无所谓，重要的是在几十年的人生中，由于自己的热情，对自己的一生有了比你原地不动更好的，甚至能给世界留下痕迹的交代。

我 的 心 得 和 收 获

第 4 章

如何处理创业过程中的“各种关系”？

我 的 困 惑

做一个合格的创始人

> 我是一只狼，我带领的团队也要是狼，他们不能是狗，更不能是羊。创始人的首要本领就是要找到有同一目标、志向和精神的人。

一个合格的创始人应该具备几个要素：有专业能力，有广阔胸怀，有领导魅力，有创业精神。这里拿我自己举例吧。

创立新东方，我必须让自己变成教学领域的大咖，必须每门课都能教，而且要教得比别的老师好。专业是一种帮助你前进的工具。登山的时候，你会在乎登山杖自己喜欢不喜欢吗？不会，你只会在乎它是否能帮助你。英语就是我的登山杖。为了攀上更高的人生巅峰，我需要这根登山杖，所以我开始拼命背单词，最终成为中国还算不错的英语词汇专家。同理，你创业的时候，有关公司命脉的那几条线，你必须是专家。苹果公司为什么乔布斯能经营得好？因为乔布斯是专家。如果公司的核心技术在别人手里，他只要一走，你作为创始人也不会长久，公司也不会长久。有专业能力才会有好的创业状态。

作为创始人也要有广阔的胸怀，因为创业中需要吸纳人才，组成团队，共享未来成果。新东方当时的老师大部分的水平都不如我，还有我的家庭成员在里面，我清楚知道，靠这些人做大新东方肯定不行，所以我找来了英文水平比我高的徐小平和王强。“用师者王，用友者霸。”我当时确实有担忧把他们请回来后，我会不会就被他们颠覆，毕竟这些人都是“人精”。但担忧归担忧，却绝不能成为我拒绝引入人才的理由。新东方上市后，团队越来越职业化，我的心胸依然开放，鼓励员工给我提意见，慢慢形成公司开放的氛围。

创始人要极具领导魅力。为什么很多团队最后会因为冲突而散了？因为他们在一起喝咖啡的时候聊起来一个项目，不分你我，不分高低，也不分秩序，稀里糊涂就吵起来了。我看创业公司，必须先看创始人是否有领导魅力。创始人要能忍耐，有气度，乐于分享，遵守契约精神。这样，不管团队里有多少矛盾，他们都还是愿意尊重创始人的意见。新东方每天都在和各种人打交道，和一帮才华横溢、崇尚自由的人斗，我当然不希望这种争斗演化为内耗。这是一个职业化的问题，管理者必须职业化，必须要有职业的心态，而且要受到企业的限制，不能走极端，一生气就把给团队的股份收回来，创始人最怕犯这种低级错误。

最后，创始人必须要有创业精神。一个公司的文化跟创始人密切相关，比如京东、滴滴，它们的创始人就是极具影响力的人。

我们新东方的文化就是狼性精神。我是一只狼，我带领的团队也要是狼，他们不能是狗，更不能是羊。创始人的首要本领就是要找到有同一目标、志向和精神的人。其次，创始人在带领这帮人朝目标走的时候，要强化这种精神和凝聚力。新东方现在已经有30000多人，如果让他们复述新东方到底是什么，他们说的大概八九不离十，不会说出相反的东西，这就是由文化强化、创始人观念所导致的。我自己的一个标准是，每周至少在公司发声一次，就是为了强化新东方的文化、精神、团队凝聚力，以及表达我作为创始人，想听到什么声音。而且现在发声非常简单，一个微信所有人都收到了，更容易产生文化凝聚力。创始人无法把团队每个人的情绪都照顾到，但可以让他们都朝着一个方向努力。一个极具影响力的创始人的公司最后更容易成功。

合伙到底怎样才能合成功?

> 合伙可以，但一定要有一个人掌控局面，这样才能把合伙机制向前推，否则会出现不可调和的矛盾。

现实生活中，我和徐小平、王强两个大学同学合伙非常成功，虽然过程中也有一些冲突，但这些都是不可避免的。创业过程中不能只靠你自己的力量，一定要有合伙人，但什么时候有，有什么样的合伙人，我有一些经验可以分享给大家。

第一，决定创业的时候，最好先独立经营一段时间。比如成立一家公司，先独立经营一个月、两个月，时间越长越好，这会奠定你作为创始人的基础。如果一开始就有几个合伙人一起做，应该一开始就清楚界定主副分工。

我自己创立新东方五年后，1995年年底，才到国外请朋友们和我一起干。我估量过，通过这五年的努力，我在创业能力方面比他们强，而他们在英语（课程）水平、对西方文化的了解方面一定比我强，这样的合伙会是良好的结合。尽管他们回来之后，觉得我身上缺少他们欣赏的某些气质，但是也不得不服从我的领导，因为我是这个学校唯一的创始人。其次，他们也发现，在实际处理公司事务的许多方面，他们完全无能为力，但我这个“土鳖”却爬得非常自如。

因此，我的建议是，合伙可以，但一定要有一个人掌控局面，这样才能把合伙机制向前推，否则会出现不可调和的矛盾。

第二，合伙人在一起，很容易出现违背现代企业管理规范的问题，大家互相抢的是面子，而不是抢着完成工作。

比如，三个人一起合伙，每个人拿均等的股份，合起来100%，一起发财。一年以后，你们就会发现，有的人干的活多，有的人干的活少，这个时候怎么办？这个时候一定要制定一个机制，一整套考评机制，用来衡量合伙人和其他员工的业绩。

新东方刚开始所谓的合伙，其实就是“包产到户”。我把新东方分成几个板块，比如王强管理口语课程，徐小平管理出国咨询业务，我管理考试业务。最后就是我拿我的钱，他拿他的钱，这是一个非常松散的合伙制。之后，当我们把一个松散的合伙制变成非常严格的股份制结构，真正要合在一起干的时候，果然出现问题了。

到底谁占多少股份？为了弄清楚每个人占多少股份的问题，所有人都花了很大的力气，因为除了王强和徐小平以外还有其他很多重要的人。最后我们划分了原始股东，共11个人，但这11个人各自拿多少股份又是一个大问题。我们按照过去大家在这个领域当中所做的贡献进行分配，到底谁贡献大，谁贡献小，又是个问题。分配完股份以后也出现了很多问题。这些种种问题我们大概花了四年时间才完全解决。幸运的是，结果是好的，我们变成了一个实实在在的股份制公司。

强留合伙人只会使公司“死翘翘”

> 思维不一致，利益不一致，共处共事只会带来矛盾与冲突，使公司偏离轨道，走向灭亡。

新东方最初其实是我和我的家族成员做起来的，后来才不断引进外面的人才。任用外面的人才，还是继续用家族成员，这其实是一个非常痛苦的抉择。因为要是把家族成员都赶走，意味着得罪所有的家族成员；要是用外面有才华的人，意味着公司各方面必须要走更加规范、更加现代化的发展道路。这两方面我都有很多难以割舍的东西，但最后做出了我认为正确的选择，把家族成员赶走，把新东方变成一个现代化的合伙制企业。

那时，包括我在内的新东方早期管理层陆续将亲戚引入公司，出现了所谓“四大家族”的家族化趋势。从西方留学回来，一切以规则为准的王强最无法容忍的就是这种情况，他要求改革。我因为早年丧父，由母亲拉扯大，在最艰难的创业初期，是母亲给了我帮助和依靠，现在企业壮大了却要让母亲和亲戚离开，我母亲在办公室就骂起了我，我也只能当众跪下，不敢回嘴。但是王强对原则绝不让步，他会果断开除犯规的员工，强迫我开会时关机，规定教学区不准抽烟，第一个罚的就是我的母亲。但不得不说，这种短期的痛苦带来的是长远发展的好处。

后来新东方上市，我又面临第二次抉择。大家都认为上市是件好事，但直到今天为止，我也不认为上市是一件纯粹的好事。在某种意义上，上市会导致外力过强，甚至扭转企业的发展方向和发展步骤。只是经过各方面的考虑，包括团队的合作、未来的发展，以及新东方过去积累的问题，我认为上市相当于用一次变革来解决这些问题，上市的好处还是比不上市更多。

合伙人的成功其实就是大家达到了互相契合、互补的关系，原因就像人们经常问你的两个问题：你为什么选择这个男人当你的老公？你为什么选择这几个人做你的朋友？原因无非是，这些人刚好在你身边，并且在你身边的这些人里，这个人刚好和你最契合，实际上合伙人就是这个概念。

我刚开始创业的时候，家人、亲戚们都在我身边，能方便地协助我，我也很自然地依靠他们，当时的“分包责任制”也极大地激励了大家努力工作，做出业绩。但后面不规范的家族化管理越来越阻碍公司发展，如果仅因为碍于人情而强留他们，只会让公司死翘翘，这是所有人都不愿看到的。所以我引进了外部人才，有了新的合伙人。

新东方上市后，许多人希望通过资本重组，把自己的股份卖掉，大赚一笔，但这不是我想看到的。如果这时候我还一定要把这些合伙人强留在公司，认为这才是公司健康发展的标志的话，那公司最后的结果还是死翘翘。因为大家已经完全合不来了，思维不一致，利益不一致，共处共事只会带来矛盾与冲突，使公司偏离轨道，走向灭亡。

在企业发展的不同阶段用不同的人

> 我有一个观点，要根据不同时期、不同发展阶段，用不同的人。比如新东方之所以后来能够做大，其中一方面的原因就是没有从一开始就请王强、徐小平回国帮我。如果一开始就用他们的话，这个公司可能会很快死掉。

如果新东方刚成立的时候就用王强、徐小平这些从海外回来的人，基本上这个公司就会死掉。

我有一个观点，要根据不同时期、不同发展阶段，用不同的人。比如新东方之所以后来能够做大，其中一方面的原因就是没有从一开始就请王强、徐小平回国帮我。如果一开始就用他们的话，这个公司可能会很快死掉。因为我无法领导他们，也付不起让他们满意的薪水。所以，我刚成立新东方的时候，用的都是家族成员，比如我的姐夫，我老婆的姐夫，等等。在这段时间，新东方当然没有什么所谓的现代化结构，但那时候，你不需要监控你的财务，即便他天天贪污你的钱，反正肥水也没有流入外人田。工作也不用计算时间，因为都是亲人。但是，如果一直这样下去，就会出大问题。

比如不利于管理。随着新东方的发展壮大，公司不断引进外来人才，家族成员的文化水平和管理经验都不足，却还要乱插手，其他员工很容易没有尊严感，不管是职业经理还是老师，他们都长久地忍受这种情况。

从1995年以后，我就深刻意识到家族成员会变成新东方的发展障碍。基于此，我到国外把大学同学、中学同学招回来，他们从才气到能力，都盖过了我的家族成员。借助他们的力量，我把家族成员清理出了新东方，成功将新东方推进了新的发展阶段。

后来，新东方要在美国上市，单凭我自己把新东方带上市是完全不可能的，我必须要找一个顶级的美国上市专家，开出顶级的工资，才能保证新东方的顺利上市。所以，我去美国面试了4个人，我让这4个人每个人跟我相处一个晚上，目的就是进一步了解和观察他们，和他们聊，无限制地聊，把这个人到底有什么样的能力聊出来。最后选中的那个人，长相很难看，但是很聪明，这个家伙的中文名叫谢东萤，现在已经在新东方待了8年，是新东方的CFO。他当时只答应我做一年半，把新东方推上市后就离开，一年半以后，他发现在全世界找到我这样大气的老板真的不容易，所以即使不断地威胁我自己要走了，但就是没有走。我也很高兴，自己又找对了人。

这么多年过去了，新东方一直在不断地转型，从家族经营到合伙人制，再到中国国内股份制公司、国际股份制公司，以及国际上市公司。现在，新东方又开始结构调整了。我们发现在这个时代，以一个大公司的形式开拓事业，效率非常低，无法应对外界的变革和创新，所以新东方又打散了原来的组织结构，施行独立创新公司的机制。凡是新项目都独立出去做，新东方控股。未来，新东方可能会发展50家和教育相关的公司，但是这些公司并非由新东方百分百地绝对拥有。目前新东方有70亿收入来自我们全资控股的公司和学校，未来可能会到100亿，其中至少有30亿我希望是来自于创新公司，在这些公司，新东方只占据控股股份，比如40%或50%。

面对什么时代就要做出什么样的改变，我觉得这是企业家血液里应该有的东西。

所有关系都在重新定义

> 在这个一切关系都重新定义的时代，谁把自己当老板看，谁死得最快；谁把自己当雇员看，谁这辈子最没出息。

这是一个所有关系都重新界定的时代。我在深刻地思考一个问题：我和员工到底是什么关系？以前，我会不假思索地认为自己与员工就是雇佣关系，员工除了到我这儿来工作，还能到别的地方工作吗？他们到别的地方工作，能拿到比这里更高的工资吗？我是老板，员工要老老实实工作，千万不要把关系搞错了，这是我原来的思维。

但现在我看着这些员工，这些任课老师，觉得他们是我的老板，关系全部倒过来了。如果他们不愿意选择在我这儿工作，其他出路也非常多。他们可以到与新东方竞争的企业中工作，也可以自己独立成立一个工作室。我可以毫不夸张地说，中国现在的教育领域，做得最好的教育培训机构有一半以上是从新东方出走的员工创建的。也就是说，他们原来都是我的雇员，而现在，他们有的成了我的合作者，有的成了我的竞争者。我常常想，如果我比这个时代早走一步，在几年前就把他们看作合作者而不是雇员，把这个关系重新定义，那么很多新东方的老师可能会留在新东方内部创业，而不是出走创业。

我还认识到，某种程度上，团队力量大于公司力量，我需要建立一个平台，把所有有能力的人集中起来，整合资源，促进双方正向流动。我参加过很多企业关于组织结构的讨论，它们现在要么转型，要么解体。我感觉新东方发展的过程就是不断解体、重组，并产生新的组织结构的过程。而这个新的组织结构很像蜂窝，每个人在里面都有一个自己的窝，在窝里都感觉非常安全。这些人合在一起作为团队的力量，远远大于组织结构本身的力量。新东方就是一个大平台，在我重新界定了自己和员工的关系后，很多人已经留在新东方创立了自己的工作室，而我共享他们的成果。新东方成就了这些群体组织，这些群体组织又反过来成就新东方。

这也是一个弘扬个性才能够生存的时代。在处理人与人之间的关系，与朋友交往时，谦虚没有错。在创业有了成绩，把利益更多地让给员工和合作者，而自己尽可能少拿一点，这样的谦让也没有错。但如果你在展示才华、彰显能力时还谦虚谦让，那就只有死路一条。为什么？因为当你尽可能把自己的才能隐藏起来的时候，你的竞争对手正在不断地宣扬自己。

在这个一切关系都重新定义的时代，谁把自己当老板看，谁死得最快；谁把自己当雇员看，谁这辈子最没出息。事实上，这个时代使每一个人都变得更加有尊严。如果到现在为止你还觉得自己被欺负、被压迫了，那只能说明你对自己的定位不对。我觉得这是人类走向更加个性的自由发展，变得更加精神飞扬，更能够去做自己喜欢的事情，也更能保留自己尊严的时代。这个时代已经靠各种关系的重新界定，真正实现了人与人之间的平等。

达到人情与利益的平衡

> 研究曹操和刘备这两个人为什么能称霸一方，我发现，他们得天下，刘备偏重人情，用人情来拉拢人，结拜兄弟共打天下；曹操偏重利益，没跟任何人结拜过兄弟，他有智慧，有思想，有人品，但是他更多用的是利益和规矩。

关于如何管理公司，如何笼络人心，我在创业之初也读了不少相关的书籍，然而，我平时读得最多的还是那些古代经典，如《老子》《孟子》《三国演义》。

我喜欢探索人们描述的事件背后的真正原因。我看到历史的规律性，事情的发生一定是偶然和必然结合产生的结果。我对《三国演义》相当痴迷，这本书也对我如何协调人际矛盾，如何做好管理者，有莫大的助益。我在读《三国演义》的时候，反复琢磨为什么曹操和刘备会成为天下枭雄。曹操是一个普通士兵、一个小官，刘备纯粹就是一个乡下人，但最后他们各霸一方天下。

曹操手下有一大帮伟大的人物，他本身就很伟大；刘备手下也有一大帮伟大的人物，刘备也很伟大。为什么曹操对关公那么好，关公还要过五关斩六将，非到刘备那儿去？曹操手下的人，不管刘备怎么拉拢，也不到刘备手下去？这形成了中国历史上最著名的人才争夺战。

研究曹操和刘备这两个人为什么能称霸一方，我发现，他们得天下，刘备偏重人情，用人情来拉拢人，结拜兄弟共打天下；曹操偏重利益，没跟任何人结拜过兄弟，他有智慧，有思想，有人品，但是他更多用的是利益和规矩。

我当初请朋友们回来共建新东方，每人分管一个领域，自己赚钱自己花，所以没有利益上的冲突，人情与利益兼顾。我发现，企业的发展要平衡好三大块儿——权力、利益和人情。我的独立创始人地位不可动摇，所以权力我不担心，担心的是后两者。我认为好朋友一旦陷入利益纠纷，友谊就玩完儿了。

所以他们从国外一回来，我就选择让每人承包一块业务，在新东方这个屋底下各干各的……

后来，新东方的事业不断发展变化，使得原有的利益格局被打破，需要重新进行公司化改造，个人的利益面临重新分配。任何人面对利益变动，都会有心态上的失衡。比如有些部门，原来的地盘没了，新的地盘还没分到，心里落空；外面的管理人员引进来，下面的人员成长起来，“老人”地位削弱，等等。所以，我早期管理新东方时，总是在利益和人情之间找平衡点。但最终，我决定把利益放在第一位。当时我意识到，最重要的事是留住手下的好老师。假如我能提供的东西超过了别的地方所能提供的，好老师留下来的可能性会比较大。在这个基础上再给他们人情，就是锦上添花。当时，我在人情上的努力还比较低级，就是请老师们吃饭、喝酒、出去玩儿。我当时就是在这种浅层次上，用利益和人情调整公司与员工关系的。

后来，在新东方经过股份改造引发的高层危机之后，我不得不正面处理与徐小平、王强的利益关系。这时候我意识到，需要建立一个新的组织结构，各归其位，才能把每个人的特长发挥到极致。在友情为基础的结构里，你不能下命令、不能指挥，只能通过友情来权衡利益和权力，很可能形成一个矛盾圈和是非圈。这个问题如果得不到及时解决，新东方很可能做不下去。最后，我们做出决定，请徐小平离开董事会。

大企业的内部管理十分复杂，很有必要借助制度对员工的行为加以规范，这是企业发展的必然规律。上市之前的那些年，我始终在利益和人情中间玩中庸、找平衡，结果搞得筋疲力尽、狼狈不堪。于是开始希望用严厉的美国上市公司管理规则来规范内部，以制度说话，避免人情和利益纠葛重现，实现自身的救赎，让企业顺利发展。因此，新东方上市之后，创业元老一一退出了管理层，迎来了更加职业化、专业化的经理人团队。这是超越了兄弟情谊，更多依赖切切实实的利益拼建起来的崭新结构。

现在，我喜欢新东方的人为了利益来和我叫板，因为他对自己价值的估计，和我对他价值的估计都可能存在失误，叫板能帮助我们双方达成平衡。

我 的 心 得 和 收 获

第5章

遇到困难，

如何调整自己的心态？

我 的 困 惑

通过实现阶段性的理想 一点点拔高人生的高度

> 一个人即使想不清楚自己一辈子想干什么，但是有两件事情肯定能做：第一件是想清楚三年后自己应该做成什么样子；第二件是保持每天都要进步的心态，每天让自己完善一点，成长一点。

理想是什么？我认为理想就是一辈子不断把自己拉高的信念。如果一个人以打麻将为自己的终身理想，我想他最后顶多也就是个麻将专家，并没有创造什么真正的成就和价值。

理想可以有大有小。例如，消除南非的种族隔离政策是曼德拉一辈子的理想。在南非，种族隔离政策施行已久，以至于大部分黑人都已经认为这是天经地义的，他们是下等人，不需要思考什么权利和自由。但曼德拉没有这么认为，他意识到，非洲自古以来就是黑人的土地，而非白人的土地，黑人才是这块土地的主人。所以他下定决心要消除南非的种族隔离政策。这个理想使他被关进监狱27年，但是27年间，他没有一天停止过为自己的理想奋斗，所以在他走出监狱的那一刻，种族隔离政策土崩瓦解。

一个人即使想不清楚自己一辈子想干什么，但是有两件事情肯定能做：第一件是想清楚三年后自己应该做成什么样子；第二件是保持每天都要进步的心态，每天让自己完善一点，成长一点。

企业家们其实也很少有一开始就想清楚自己一辈子要干什么的理想。比如马化腾年轻的时候，应该没有想到会做一个人与人无缝对接的全世界最伟大的腾讯社区——微信；马云也是连续做了四个公司以后才开始做阿里巴巴，开始倡导让全世界没有难做的生意；我年轻的时候也没有想过要用新东方这个平台，为中国千家万户的孩子的成长提供服务。

阶段性的理想却总是可以有的。我在农村的时候，阶段性的理想就是要考上大学，在这样一个理想的指引下，我连续参加了三年高考才最终考上大学，而且是北大。就是这么一个简单的理想，让我人生的高度开始慢慢拔高。

在北大，我认识了一批同学，他们的高度越高，我的高度也就越高。毕业后，我留校当老师，发现北大的一批顶级老师居然跟我变成了同事，这种感觉非常好。原来我对他们是仰视的，现在变成同事了，在一个教研室，可以和他们讨论问题、侃大山，我的人生又进一步被拔高了。这些老教授、老思想家的思想意识、儒雅态度，很多时候能给我带来启发和智慧。

后来我创立新东方，身边慢慢有了一大批同样经营企业、有眼光的朋友，比如盛希泰、柳传志、马云、李彦宏等。尽管我跟这帮朋友在一起，觉得自己没有达到他们的高度，但我坐在他们身边听他们讲话，也能收获知识和智慧，拔高自己。

高远的理想把我不断拔高，交往的圈子也越来越好，周围有理想、有能量的人越来越多，我不仅追着他们攀高，还被他们拉着升高。所以，你要交牛气的朋友，天天跟在他后面，向他学习，他能走多远，你就能走多远。而不要远离比自己水平高的人，只为在不如自己的人中做老大。

理想可以是阶段性的，但必须是高远的。你什么时候看到一个没有高远理想的人，最后却开创了伟大事业？不太可能。

通过读书、学习和聆听拓展思想的宽度

> 每天读一点儿书，学习一些新知识，聆听伟人的智慧，拓宽自己思想的宽度，总有一天，你积聚的知识会爆发出思想的火花，创新你的事业。

有人说创业就创业吧，还谈什么思想呢？但是大家想想，如果一个创业者只是一头扎到商业模式中，只是狭隘地想着要创业、要赚钱，他真的能做好吗？

中国任何一个著名的企业家，如柳传志、马化腾、马云、雷军，除了谈创业以外，言语中无不充满着深刻的思想和智慧。现在很多人读书太少，只是天天微信来回发，看各种商业模式，看别人赚钱就眼红。但是你会妒忌马云吗？你会妒忌马化腾吗？你会妒忌盛希泰吗？你根本就妒忌不了，因为他们太高离你太远了，你只会敬畏他们。他们之所以能成就如此伟大的事业，是由他们思想的境界所决定的。一天到晚只想着赚钱，却不想着拓展自己思想的宽度，这辈子都不可能成事。

金字塔怎么造起来的？创业的成功就是金字塔顶上的那块尖石，如果没有底下的铺垫，顶上的那块尖石依靠什么？而底下的石头就是你思想的宽度。所以，读书、学习和聆听对我们非常重要。让自己变成一个有健全思想和独立思辨能力的人，这一点非常重要。

我们常常把自己跟犹太人和日本人相比，说我们和犹太人一样聪明，比日本人还要勤奋。但非常可惜的是，我们在阅读这件事情上，跟犹太人和日本人相比还差得很远。据数据统计，犹太人平均每年每人读书65本，日本人平均每年每人读书45本，而中国人平均每年每人读书5本。但我怎么看，都觉得这个数据还是不对，很多人每年甚至连5本书都读不了。大家可以检视一下自己，除了《菜谱》《吸引女人的42招》这些书之外，真的有读过5本书吗？我曾经在各个城市给中小学老师讲课，让每年读过5本书的人举手，非常遗憾，举起手的连十分之一都不到。中小学老师都几乎不怎么读书，怎么教出热爱读书和思考的学生？

我上大学的时候，平均每年读100本轻轻松松，后来我到大学调研，请一年读过30本书的同学举手，大约只有十分之一。我当时就想，如果大学生都不读书了，那这个民族怎么可能有希望？我们常说犹太人很厉害，全世界几乎一半的发明创造与犹太人有关，诺贝尔奖得主有200多个是犹太人，每年全世界的创新专利犹太人就贡献了30%。现在看来，难怪这个民族这么厉害，他们一人一年能读65本书，而我们一人一年连5本都不到。

日本人获得诺贝尔奖的也有几十个了，日本人的创新坦率说是真的创新，但我们中国人有多少创新是真正的创新？我最近看的项目有上千个，其中有创新意识的项目非常少；而那种在高科技上有突破性，让人眼睛一亮，觉得这件事情一旦做成了就不得了的项目则更是少之又少。中国大部分企业都是在模仿，包括一些大公司。这种现象与什么有关呢？我们为什么缺乏创新意识？我私以为，读书不够，没有思想，何谈创新？

所以，每天读一点儿书，学习一些新知识，聆听伟人的智慧，拓宽自己思想的宽度，总有一天，你积聚的知识会爆发出思想的火花，创新你的事业。

在绝望时修炼自己并善于等待

> 在遇到困境和绝境的时候，不能停止生命的运转，必须知道在方寸之中，我们依然可以增加自己生命的厚度和强度。可以读书，可以锻炼某种技能，只要方向是正确的，生命就一定是一个不断积聚能量的过程，而这个能量早晚有一天会爆发出来。

我年轻的时候得过肺结核。20岁的年轻人得肺结核，意味着所有爱情故事的终结，因为没有一个女人会找一个得肺结核的男人。但这件事让我学会了一个本领，在绝望的时候修炼自己，并且善于等待。

绝望有时候不是因为贫困，可能只是因为人生的某个困境，而这个困境不管是有钱的人还是有权的人都会有。这个时候，修炼自己、善于等待就变得非常重要。我非常庆幸得肺结核的那一年，自己在住院期间居然读了大概300本书，虽然当时并没发现有什么益处，但那段经历确实奠定了我独立思考、从书中寻找自己的世界的基础，并使我养成了读书的好习惯。

什么叫善于等待？

很多事情想当场解决是不可能的，有时候，时间会帮你解决，比如我们常常讲的感情的伤痛，时间会治愈。当然，光靠时间解决是不够的，还要有主动积极的心态。我在朋友圈里发过一个小文章，讲的是一个小故事：我的司机没事干，就到野河里钓了一堆鲫鱼，都不大，跟我说要做鲫鱼汤喝。我看每条鱼都活蹦乱跳的，就留下两条，放在我的鱼缸里。其他鱼本来应该被杀掉，但我的司机突然想到春天的时候不应该杀鱼，尤其不应该杀鲫鱼，因为这时候鲫鱼肚子里都是鱼子，于是他就又把这些鱼放生到了我们小区的小溪里。我知道后，决定下班后也去放生。但遗憾的是，等我到家时，发现养在鱼缸里的两条鱼已经自己跳出来，在地上干死了。如果它们再在鱼缸里至少活着等一天，就可以重获自由。

我们遇到困境，就像鱼在玻璃缸里看不到出路，那时应该具备的最大的能力就是耐心等待。霍金如果在只能动一根手指头的时候对生命感到绝望，就没有了现在闻名全球的科学家霍金；曼德拉如果在被关在监狱的27年里没有心中的信念以及靠信念支撑的等待，就没有后来南非民主事业的成功。我虽然还达不到他们的境界，但在遇到任何困境、绝境的时候，都会让自己尽可能心平气和，耐心修炼，安心等待。

在遇到困境和绝境的时候，不能停止生命的运转，必须知道在方寸之中，我们依然可以增加自己生命的厚度和强度。可以读书，可以锻炼某种技能，只要方向是正确的，生命就一定是一个不断积聚能量的过程，而这个能量早晚有一天会爆发出来。我一个朋友在监狱里待了4年，把英汉字典全部背了下来，他刚进去时英语最多是高一的水平，出狱时已经是英语专家的水平，这是他自己修炼的结果。

我曾经读过屠格涅夫的一个小说，讲的是一个有钱人跟一个穷人打赌，这个穷人如果在一个房子里待10年不出来，富人就把自己所有的财富都送给他。富人料定这个穷人是待不住10年的，可穷人是怎么做的呢？他刚开始读各种小说、世界名著，随后又读历史、宗教书籍，还练琴、画画，后来就什么都不做了，只是静坐，时间就这样过去了。快到10年期满的时候，富人耐不住了，拿了一把刀到穷人房间想把他杀掉，但进去之后发现那个人早已离开，留了一个字条，上面写着：我已经悟到你今天晚上会来，感谢你让我从一个愚昧者变成一个对世界了然于心的智者。

拿家庭矛盾、员工难管、商业压力等为借口就放弃修炼，这是对自己的否定。人的生命就像水一样，关键时刻凝聚力量，就可以成为美丽的瀑布。

改可能是死路，不改一定是死路

> 我始终相信，任何一个人想要改变自己的人生，想要改变自己的命运，最佳的法宝，或者说最好的力量，就是去战斗。

我的半生是在梦想和期待中一路奋斗，历经绝望、痛苦和破灭，还是一路前行地活过来的。经常有人问我："俞老师，你遇到了这么多困难，是怎么走过来的呢？"对此，我只有一句话，那就是：生命不息，战斗不止。其实更重要的是，要对未来永远心存美好的希望。

只要希望之火、战斗之火在你的心中，任何失败就不再可怕。生命其实就是一条流动的河流，我们既希望有平静的河面，也希望有雄壮的瀑布、奔流的河水。如果生命仅像一条平静的河流一样一帆风顺，那么即使有钱、有胸怀，又有什么用呢。我们必须保持自己的生命之河一路向前，遇到岩石就激出美丽的浪花，遇到悬崖就勇敢地飞流直下，遇到高山就蜿蜒前进不退缩。

人生不是百米赛跑，而是长长久久的马拉松，在这段旅程中，我们每个人拼的是耐力，拼的是专注，拼的是持久。我觉得，任何时代的来临都不可怕，可怕的是你自己不愿意与时代共同前进，一旦你被时代抛弃，落下，就不可能再与他人共创这个时代的辉煌，共享这个时代的成果。而且，记住，你不是一个人在战斗！

在这个变革的时代，任何控制和权威都失去了意义，这是件特别好的事，但必须随时做好江湖地位被他人取代的准备。我常常用诺基亚的故事提醒自己，改可能是死路，但不改一定是死路。我宁可在改革的路上死掉，也不愿死在过往成功的基因上，所以我时刻做好了战斗的准备，随时准备迎接挑战，进行改革。我始终相信，任何一个人想要改变自己的人生，想要改变自己的命运，最佳的法宝，或者说最好的力量，就是去战斗。

借下面这首诗，激励坚持战斗的各位勇士们。

每一条河流都有自己不同的生命曲线，
但是每一条河流都有自己的梦想，
那就是——奔向大海。
我们的生命，
有的时候会像泥沙，
你可能慢慢地就会像泥沙一样，
沉淀下去了。
一旦你沉淀下去了，
也许你不用再为了前进而努力，
但是你却永远见不到阳光了。
所以我建议大家，
不管你现在的生命是怎么样的，
一定要有水的精神。
像水一样不断地积蓄自己的力量，
不断地冲破障碍。

当你发现时机没到的时候，
把自己的厚度给积累起来；
当有一天时机来临的时候，
你就能够奔腾入海，
成就自己的生命。

给自己的每一天注入力量

> 我有的时候会突然跑出去爬山、看云。有时候晚上月亮升起，我会跑到院子里，坐在月亮底下，什么都不干，就静静地看着月亮。没错，这都是我放松自己的方式。

关于自我管理，我比较推崇职业经理人中少见的管理大师——英特尔创始人安迪·格鲁夫的理念。我在斯坦福大学听过他的课，所以对他印象很深。他有一条名言是对经理人的忠告："无论你从事哪一行，你都不只是别人的员工，你还是自己职业生涯的员工。"

千里之行，始于足下。自我管理同样也需要做好每一天。

人要走出常规，放松心情，以积极的心态开始每一天，就很有必要以自问的方式开始新的一天。以下十个自问会给你的自我管理带来力量。

十个自问

1.我拥有什么？

我们通常会为自己没有的东西而苦恼，却看不到自己拥有的。比如健康，爱与被爱的能力，每天都有食物供我们享用等。正如那句口口相传的话所说：“失去了才知道珍贵。”让我们走出哀怨，这样就可以看到什么是我们拥有的。

2.我应该为什么感到自豪？

为自己已经取得的成绩而自豪。成绩不分大小，每一次成功都意味着向前迈出了一步。每个人都有自己值得自豪的东西，你可以为自己刚刚战胜了一个挑战而感到骄傲，可以为帮助了一个陌生人而感到幸福，也可以为结识了新朋友或读了一本新书而感到高兴。

3.我应该对什么心存感激？

每天都有很多事情让我们为之心存感激，同时也有很多人值得我们感谢，因为他们在无形中教会了我们许多事情。活着的每一天对于我们来说都是一份珍贵的礼物。

4.我怎样才能充满活力？

每天都要计划做一些积极的事情，让自己充满活力。例如，你可以给那些一直以来很欣赏，却很久未联系的人打电话；对工作伙伴说一些鼓励的话；保持微笑，或者留出时间和孩子玩耍等。

5.我今天能解决什么问题？

设法把那些原本想留到明天再解决的问题今天就解决掉。尽量在当天完成手头的工作，敢于面对那些棘手的问题，并换一种角度看待它们。

6.我能抛下过去的包袱吗？

“过去的包袱”是指长年累积起来的伤心的经历和怨气。背着这些沉重的生活包袱有什么用呢？建议对过去做一个总结，把值得借鉴的经验保存起来，然后永远地卸下重负。

7.我怎么换个角度看问题？

人往往都是别人的建议者，却不是自己的。很多时候，根本原因就是我们看待事物的方式。很多人都有过为一件事苦恼不堪，过后又觉得可笑的经历。其实悲和喜只是因为我们看问题的角度不同而已。

8.我怎样过好今天？

做些与平常不一样的事。如果我们走出常规，学会享受生活，那么生活就是丰富多彩的。要敢于创造和创新。

9.今天我要拥抱谁？

拥抱是我们的精神食粮。曾经有一位心理学家说过，要想健康，每天要至少与人拥抱8次。身体接触是人最基本的需求，它甚至可以帮助我们开发大脑。

10.现在我就开始行动？

不要认为这些都是“听起来不错”的建议，也不要认为生活很难是这样的。是让生活过得索然无味，还是积极向上，决定权就在你自已手中。努力幸福地生活，你又会失去什么呢？所以，现在就开始行动吧。

六条管理措施

作为一个优秀的管理者，首先必须要有效管理好自己。对于长远的自我管理，我有六条管理措施可以分享给大家。

1. 设定长远目标

比如，除经营新东方之外，我还设立了三个长远目标：一是创办一所“两三千人、永远不扩招”的私立大学；二是设立一所文化研究院；三是在全世界进行深度旅行，写出深度游记。

2. 确立阶段性目标

一个人要想获得成就感，应该设立阶段性目标。比如今天要把这篇课文背出来，到睡觉之前背下来了，就是阶段性的小成功和小成就。把这些小成功加起来，最后可能就是一个大成功。

3. 以“看见最后成果”来自我激励

特别是身在企业高处的管理者，他们由谁来激励？答案是通过“看见最后成果”来激励自己。新东方作为一个培训机构，最后成果就是对学员的改变。我在新东方工作有非常大的动力，就是因为我认为自己做了一件好事，这个则要通过经常给学生们做讲座来强化，要是半年一年没接触学生，激励机制就会减弱。

4. 每周总结，给自己打星

我会每周写一次日记，回顾七天的经历，并根据收获大小给自己打星。以下情况会得到比较多的星：在家里读了一本书，没有受到其他任何事情的干扰；写了一两篇我认为比较出色的文章；跟别人聊天，学到了很多东西。

5.保持学习心态

我不把跟新东方相关的工作列入打星的范围，因为这些工作做得再好，也只是能力的重复，而不是提高。不过有一个例外，就是我在哈佛商学院参与讨论新东方案例，这也被我算在打星的范围之内。因为我从他们的行为方式、表达方式和教授的讲解方式中学到了很多东西，这个对我来说是全新的，尽管那一天我连觉都没睡好，但是我依然要给它打五星。

6.经常放松自己

我有的时候会突然跑出去爬山、看云。有时候晚上月亮升起，我会跑到院子里，坐在月亮底下，什么都不干，就静静地看着月亮。没错，这都是我放松自己的方式。

我 的 心 得 和 收 获

第6章

如何走出困境?

我 的 困 惑

创想就是往前一步，再往前一步

> 创想就是所谓的突破，不一定非要是天翻地覆的东西。创意上的突破非常重要的一点就是，你要比别人想得更前一步，哪怕只是一小步。

创想就是所谓的突破，不一定非要是天翻地覆的东西。创意上的突破非常重要的一点就是，你要比别人想得更前一步，哪怕只是一小步。我常常喜欢用吉利汽车集团的老总李书福来举例，李书福学历不高，但是有创想，每次都能在现有商业模式上往前走一步。刚开始，他开了一个摩托车修理厂，一年能赚几十万元。我们想一下，一个农民一年赚了几十万元，一般会做什么？肯定很多人会说，他应该就把这个修理厂一直开下去，然后拿钱盖房子，娶老婆生儿子，这就是中国农民的典型特点。但李书福没有。他想，既然修理摩托车已经熟练了，为什么不买摩托车配件组成新摩托车卖呢？所以他创立了吉利品牌，售卖摩托车，价格很便宜，农民们觉得骑摩托车比骑自行车要好，就都买他的摩托车。

李书福后来赚了很多钱，觉得应该造汽车了，结果朋友告诉他汽车造不了。上海汽车厂为了造小轿车用了美国的技术，长春汽车厂为了造小轿车用了德国的技术，而李书福没有技术就要造汽车，这怎么可能？李书福却说这有什么难的，而且真的造出了汽车，一辆小轿车只卖两万不到，农民们又全都埋单。这样的突破就是一种创想，小事做着做着就能做成大事，没过几年，李书福就把世界上最安全的汽车公司——沃尔沃汽车公司给买了，安全带、安全气囊都是沃尔沃公司发明的。

所谓创意和创想，是在现有模式上想办法再往前突破一点。模仿也并非一无是处，大家都知道，阿里巴巴是模仿ebay起家的，百度是模仿Google（谷歌）起家的，但是现在这些公司，包括腾讯、小米，都有各自的突破。这些突破基于中国特别的人口和地理条件，也基于科技创新对中国的适应性，一点点叠加起来，最后皆成大事。新东方其实也有很多突破，如果没有突破，一个普通的培训机构怎么可能变成美国上市公司？

就跟徒步一样，在你走累的时候，再往前一步，才有成就感。平时散步是不会有成就感的，因为每天散步就是为了保持身体健康而已。但我们背上包一天徒步50公里，就是对自己的挑战，挑战成功就会有很大的成就感，甚至走得满脚血泡反而更加有成就感，为什么？因为真正的成就感是在痛苦的挣扎中达到某个目标后带来的享受。

创业就是这样，过程中如果没有苦，没有悲，没有绊，一路顺风，就算创业成功了也不会有成就感。创业成功后，如果只是满足于现状，不想再往前一步，失去创想的动力，那么很可能连现状都保持不了多久，因为别人会把你远远甩在后面。这时候，不进则退。

走出舒适区

> 如果我永远待在新东方，就永远只是舒适的、高高在上的董事长，而非跟得上时代、与年轻人相伴的“洪哥”了。

人最怕待在某种舒适环境里，待到一定程度后就不愿意动了。与之相反，当处于某种绝境时，人往往会绝地反击。

第一次“出走”

我第一次“出走”舒适区，就是我从北大走出来，创办新东方。在北大当第7年老师的时候，我已经开始教专业英语了。

每星期只要上4小时的课，一个星期7天，星期一就把4小时课上完了，剩下6天可以到处去旅行，或者是在家睡觉，到图书馆看书；暑假两个月，寒假一个月。这样混下去，我就可以变成一个副教授，然后再读个硕士、博士，就可以变成三级教授，北大也会提供可购买的低价房。但我觉得自己在北大作为一名学者是不够格的。做学者是要有“童子功”的，应该是小学之前就把四书五经背完了，而我没有，我觉得我不太可能成为一个学者。

我想出国，因为没有钱，就开始办培训班攒钱。虽然等攒够了的时候，我又不想出去了。但你们也知道了，我走出北大的舒适区后，新东方诞生了。

第二次“出走”

我第二次“出走”舒适区，就是投身创投业，与盛希泰合创洪泰。已经有统计数据表明，世界上所有最伟大的科技发明和科技理论发现几乎都是科学家35岁以前做出来的。而我们也统计了，企业家真正把企业做成的时候，基本上没有超过35岁的。我成立新东方的时候是29岁，马云算是大器晚成，1999年创办阿里巴巴时是35岁，也是相对年轻。我虽然年龄老了，但是心还不老，创立洪泰就是想永远跟年轻人打交道，而且永远用某种方式跟年轻人挂钩。

如果我永远待在新东方，就永远只是舒适的、高高在上的董事长，而非跟得上时代、与年轻人相伴的“洪哥”了。

成功需要一瞬间突破的勇气

> 在你眼前，那些栏杆代表了生命中的各种障碍，代表了一道道坎，拦着你，不让你过去。但是我们要有突破的胆量，把阻拦生命的栏杆抬起来。必须突破自卑的壳，突破自轻的贱，突破胆怯的虚，突破失败的惧，越败越战，愈挫愈勇，才能奋勇向前。

我常常喜欢开一个玩笑。马云和我都是做外语培训起家的，几乎同时开了外语培训班。我一下子就成功了，从第一个班的13个学生，到第三年的5000个学生。马云开了三年，第一年招了20人，第三年还是20人，只能想办法干别的，连续开了三家公司都没成，最后跑到杭州拉了一帮人做阿里巴巴。现在商业模式不断变革，移动互联网时代已经到来，每个人都面临着明天就会失败的可能。对我来说，新东方如果明天发展不下去了，我马上就会想如何再创业，做出另一个上市公司，而不去想谁把新东方整倒了，我雇两个人把它也给整倒。

在商业大潮中，即使有很多公司倒闭了，也不影响世界经济的发展和繁荣。你要想的是占据你的位置，而不是沉浸在之前的失败中。在现在这个多边的时代，已经没有失败和成功之分，有的是你是否具备认可自我、勇往直前的精神。我们做事情需要突破自己的勇气，突破自己的心理障碍，突破自己的懦弱，突破自己的害羞，或者突破自己的恐惧。

据说，有一年春节过后的返程高峰，湖南的一个收费站因为收费系统瘫痪，挡住了约6万辆车。没有一个人敢去把栏杆放开，直到晚上一个酒鬼掀起了栏杆，这些车辆才得以通行。其实这个酒鬼是当时坐在一辆车里的乘客，车里有瓶酒，他在车里没事干就把一瓶酒喝了，勇气来了就把栏杆掀了起来。第二天有人问他，他都不知道自己掀起了栏杆，因为喝醉了什么也记不起来。

有时候突破很简单，在于有没有一瞬间的勇气。为什么6万人都不敢掀栏杆？因为每个人都在理性考虑这样做会有什么惩罚。这时候我们需要一点酒神精神，需要一瞬间突破的勇气。自信，哪怕盲目的自信，也比考虑周到的懦弱要强一百倍，这是我的感觉。

我之前一直在想，我跟马云的区别到底在什么地方。后来我发现，我们俩的区别就在自信上。马云是如此自信，以至于他相信的东西都变成了现实。我和他都考了三年英语，我考的是北大本科，他考的是杭州师范的专科，我们不光有长相上的差别，还有智商上的差别。但是，马云的阿里巴巴为什么现在比新东方要大几十倍呢？就是因为马云特别自信，他能快速地从挫折和自卑中走出来。马云自己讲过，他进了杭州师范学院很自卑，但是只自卑了一瞬间就给自己定了三个目标：第一个目标，必须把专科变成本科；第二个目标，必须变成校学生会主席；第三个目标，必须跟校花谈一场恋爱。这三个目标对我来说比登天还难，我如果进了杭州师范学院，一定是乖乖毕业，最后到农村当老师。但是马云毕业的时候，三个目标全部达成：他上了本科，当过整个浙江省学联主席，并且不光谈了恋爱，还把人家娶回了家。勇气和自信，以及给自己设立一个有挑战性的，觉得可以通过努力达成的目标，比你自卑地唯唯诺诺，觉得自己什么都不行要好得多。

我在北大除了读书以外，一无是处，有两件事情从来没干成：一，参加任何学生活动或竞选学生会干部；二，谈恋爱。这是我内心恐惧的结果。作为一个深刻自卑的农村孩子，我是这么想的：去竞选学生会干部肯定失败，失败以后被人知道了丢面子，不如不竞选；谈恋爱一定会被女孩子拒绝，被拒绝后会更加没面子，不如不谈。所以，你现在明白了吧，突破自我的勇气有多重要。在你眼前，那些栏杆代表了生命中的各种障碍，代表了一道道坎，拦着你，不让你过去。但是我们要有突破的胆量，把阻拦生命的栏杆抬起来。必须突破自卑的壳，突破自轻的贱，突破胆怯的虚，突破失败的惧，越败越战，愈挫愈勇，才能奋勇向前。

引领变革要从本质上改变自己的思维

> 爱因斯坦说过，一个问题要解决，用原来产生这个问题的思维模式去解决是不可能的。这常常是很多企业陷入困境的重要原因。

对于一个商人或者企业家来说，有一点必须把握住，那就是，不管你多么不喜欢变化，都要顺应变革，善于变革，并且引领变革。

就拿我个人来说吧，我再喜欢读历史和哲学书籍，也必须每天花一定的时间读互联网大数据分析，了解现在移动互联网时代的跨界合作和商业颠覆。因为我知道，这不仅仅是我一个人的自我完善，更是新东方的不断完善，我必须让新东方尽可能地跟上时代。只有我进步了，新东方才能进步；只有新东方进步了，公司管理层和员工才能得到更好的回报。所以，引领变革对于我们企业家来说非常重要。

如何把挑战和危机变成机遇，是企业家最重要的能力。变革必须先从思维逻辑上开始改变。爱因斯坦说过，一个问题要解决，用原来产生这个问题的思维模式去解决是不可能的。这常常是很多企业陷入困境的重要原因。很多企业家都会把自己过去实践的成功经验用在解决眼前的问题上，但时代已经变了，商业模式已经变了，挑战者也已经变了。所以，我们要从本质上改变自己的思维，而这非常不易，相当于是脱胎换骨。

我读过一个小故事。有一个理发店的老板，为了让自己的理发店显得高大上，就把所有理发师的名字都改成英文，比如Micheal老师、Jack老师。这天，有个顾客来理发，老板为了体现自己理发店的高大上，就介绍店里理发师的新名字，顾客听后选了Jack老师。然后这个老板就喊："Jack老师，有人来理发！"但他喊了几遍都没人答应，结果只能喊："李二蛋出来理发！"人就出来了。为什么李二蛋在被叫"Jack老师"的时候不出来？这是因为他内心不认为自己是Jack。只有李二蛋从心底认为自己是Jack老师了，他才会答应。所以我说，只有从思维模式深处改变，才有可能让企业进入新时代，真正变得"高大上"起来。

比你聪明的人还比你勤奋

> 我不敢说自己已经领悟了生命的本质，但我至少敢说自己比一般年轻人还要勤奋。我的勤奋能给我平时的思考和讲课补充营养。

在北大的50个同学当中，我的智商应该属于中下水平，但我的勤奋一般人比不上。我平均每天工作16~18个小时，如果没有应酬，每天三餐的时间加起来不超过半个小时。

我不敢说自己已经领悟了生命的本质，但我至少敢说自己比一般年轻人还要勤奋。我的勤奋能给我平时的思考和讲课补充营养。还是以读书为例，我平时读书会有意无意写一些新的观点、新的想法。坐飞机、坐汽车，这些时间都是我读书的时间。我很幸运，从小到大没有晕过车。在特别颠簸的时候都可以用电脑工作、看书、看视频，甚至连续工作10个小时，就跟在办公室一样。所以，我充分利用时间看了更多的书，做了更多的工作。

我开始体会到当老师的成就感是在北大当了三四年老师之后，作为一个老师，成就感源于学生的喜欢。我的这种成就感并不是轻易获得的，而是通过不断琢磨，改进课堂教学。刚开始，很多学生开小差，有的背着书包就跑了，到最后，教室里的人越来越少。后来经过我的不断努力，在加深对知识的理解的基础上将它们融会贯通，举一反三，并通过对学生的深入了解，知道以何种方式方法能最高效地传授知识，最后，发现别的班的学生都来听我上课。这是一个漫长的过程。

现在，和年轻人的勤奋不同，我的勤奋已经是另外一种概念——思考。我经常写一些笔记、感悟。心在退，身在进。“心退”是让天地更加广阔，“身进”是因为知道“逆水行舟，不进则退”的道理。但是我不会要求谁做到跟我一样，因为没有一个人能把自己的经历体验种植到其他人身上。就好像克隆，或许可以克隆出另一个俞敏洪出来，但那个俞敏洪是一片空白，而我却处在经历过人生风雨的丰硕状态。这是两种完全不同的状态，一个是臭皮囊，另一个是有精神支撑、有灵魂附着的存在。

年轻人，去闯，去努力，去奋斗，去做自己最想做的事情。只要不做坏事，只要保持良心，剩下的什么事情都能做。不要怕失败，不要怕艰苦！

我 的 心 得 和 收 获

第 7 章

如何始终保持初心?

我　的　困　惑

把喜欢的事做到极致

> 如果喜欢的东西本身并不好，就不要在上面浪费时间，那是可能把你的人生毁掉的东西。你喜欢的应该是对自己的成长有利的东西。

人的一生中做事情有很多种方法，其中有这样一种——只做自己喜欢的事，哪怕饿死也要做。如果喜欢下围棋，饿死也要坚持下。如果喜欢数学，一分钱报酬都拿不到我也要钻研，最后变成陈景润那样也好。他最后得到了“世界上最著名的数学家之一”的荣誉。但不要忘了，如果喜欢的东西本身并不好，就不要在上面浪费时间，那是可能把你的人生毁掉的东西。你喜欢的应该是对自己的成长有利的东西。

一、水木年华的选择

清华的水木年华，他们两个长得比我还要难看，而清华的女生又特别少，谈恋爱根本就轮不到他们两个。两个人在宿舍里特别孤单和痛苦，最后想到一起唱歌互相安慰一下，没想到两个人的声音和在一起成了很好听的男声二重唱。于是两个人背着吉他，先到系里表演，然后到学院表演，再到北京各个高校表演，到最后，他们连清华大学的学位都不要了，专心唱歌。这就像我刚才说的，开始做自己喜欢做的事情，哪怕流浪一辈子也不怕。

我很佩服他们的决定。清华大学的学位固然很好，但是与你终生喜欢的事情相比又有什么了不起的呢？说到底，学位是无能的人的遮羞布而已。不过我觉得，大学学位要拿，但在大学学位之上，不管是出国还是考研，就要跟你人生真正的目标结合，否则就是为了拿学位而拿学位。

二、能力就是软资格

现实生活中一般有两种资格，“硬资格”和“软资格”。硬资格就是你拿到的各种各样的学位文凭证书。一般情况下，复旦大学的学位证书比其他普通大学的证书在找工作时更好用一点儿。哈佛大学的又比复旦大学的好用一点儿。不过，也仅此而已。新东方就拒绝过很多哈佛大学的毕业生，因为很多人虽然有这样的“硬资格”，却没有相应的“软资格”，或是没有工作经验，或是对中国的教育和教学没有正确的看法，或是没有做事需要的正确的心态。

软资格是什么？是我们真正的能力，是我们在一生的奋斗中，不断积累的人生经验、智慧和学识。一个人真的有能力，就一定能让别人看到。人们能从你的眼神、动作、谈吐，从你做每件小事的状态中，判断出你到底有没有能力。

之前一个从清华大学MBA（工商管理硕士）毕业的学生到新东方来应聘。面试的时候，我只问了他一个问题，我说：“请在一秒钟之内告诉我，你最得心应手，能做且必然能做好的一件事情是什么。”

他想了一两分钟，最后告诉我：“俞老师，我最擅长的是跟人交流。”

我说：“你都两分钟没跟我说话了还算是善于跟人交流？”

他就说：“MBA就是综合管理，我的综合管理能力很强，我懂人力资源，也懂市场，还懂市场营销、公关、后勤行政物流，你让我干什么我就能干什么。”

我说：“对不起，我不能用你，因为从你刚才的一番话中我就知道了，你什么都不能干。”在我看来，当一个人说他什么都能干的时候，意味着他什么都不能干。

其实我真想听到的是这么一句话：“俞老师，我能帮你打扫厕所。”我想，如果一个拿着如此好的学位的人能心平气和地把一间厕所打扫干净，那是很了不起的事情。我还会给他晋升，先是两间，后是四间。当他把四间厕所都打扫得极其干净时，我一定会让他管理其他几个打扫厕所的人，他会成为新东方厕所卫生部部长。请注意，这就已经进入管理岗位了。等他把这些人都管理好了，我会把新东方整个后勤系统交给他，一路任命下去，万一哪天我一不小心翘了辫子，他也许就是下一个总裁。没错，总裁就是这么当上的，不是一上来就能当总裁。所以，你一秒钟内能说出的最擅长的事，应该是你做完一定会有好成绩的事。

三、研究蒋介石的大师

另外一个极端例子来自我的一个大学同学。从20世纪80年代到1995年，他一直穷困潦倒，但仍然坚持进行与蒋介石有关的研究。他唯一的生活来源是作为北大英语系老师，每个月拿到的一两百元工资。

1995年，新东方已经发展得很不错了，我邀请他到新东方来上课，他说："不来，我一来上课，备课就要好几个小时，上课又要好几个小时，太浪费我研究蒋介石的时间了。"我以为他这辈子就这样了，捧着蒋介石的书一辈子穷困潦倒。

但事实证明，无论什么学问，做到一定程度就会被人欣赏。1995年，他在这方面的研究已经"出神入化"，当时在美国有一个中国现代史研讨会，邀请他过去作主题发言，他的发言感动了下面一个老教授。这个教授研究了30年蒋介石，但就是在美国找不到知音，没想到中国有个人研究了蒋介石十几年。这下他高兴了，散会以后，两个人为了蒋介石抱头痛哭。最后这个老教授把他留在美国和他一起研究，每年给他50000美元研究经费，并且把他老婆从中国接到了美国。我这个朋友也开始在美国圣约翰大学读这个教授开设的博士课程，毕业后留在大学教书，在纽约长岛买了个小房子，还买了一辆破车，老婆在身边，生了一个孩子，家里还养了一条狗。他指着这一切告诉我："你看，这一切都是蒋介石送给我的。"

我以为他这辈子就在那儿当个教授，研究中国现代史就完了。没想到几年前，上海东方卫视招聘中西方文化节目总策划人的时候，又把我这个同学挖回来了，给他的年薪差不多接近100万人民币。为什么？理由很简单，做学问不就是从精到深，再从深到泛吗？

研究蒋介石就得研究毛泽东，研究毛泽东就得研究中国现代史，研究中国现代史就得研究中国近代史。中国近代史怎么来的？来自世界近代史，世界近代史来自美国独立战争、法国资产阶级大革命，以及英国的宪章运动，而这一切都来自文艺复兴以及启蒙运动，又起源于古希腊、古罗马文明，甚至更古老的古埃及、古印度文明。

一通百通，他不成为文化大师，谁能成为文化大师？

我和马云差了八个字

> 现在我知道了，人的根本区别不在于家庭身份，不在于长相外貌，不在于学历学位，只在于自身。在这个世界上，只有自己能掌握自己的命运。没有任何人可以阻止我们前进，只要我们自己往前走。

马云，我真的非常佩服他。我佩服他跟我有同样的经历，却做出了比我更伟大的成绩。或者，更甚，因为他之前还不如我幸运（我好歹也比他长得好看，考上的是名牌大学），现在却创造了伟大得多的成就。

阿里巴巴在美国纽交所上市时，市值2000亿美元。新东方比阿里巴巴早走了一步，在2006年就在美国上了市，但新东方的市值到今天为止才40亿美元。

我有时候会想自己跟马云的差距到底在什么地方，后来终于发现，我跟他的差距就在八个字上——越败越战，愈挫愈勇。马云是一个典型的“越败越战，愈挫愈勇”式的人物，而我则是典型的非典型。我现在虽有了这样的一点儿精神，也是从周围的朋友身上学来的。

阿里巴巴是马云做的第5个公司。他在大学毕业以后当了大学老师，后来也跟我一样，出来开了一个外语培训班。失败后，又做了一个翻译社，怎么做怎么亏本。紧接着做了一个中国黄页，又失败了。又在北京开了一个合资公司，做了不到半年，还是失败了。

请大家想一想，如果是你，连创4个公司都失败了，你会怎么办？你会怎么想自己？你可能会想，我天生不是做这个事情的料，我天生就是给别人打工的料，我再也不开公司了。但马云想的是，前面的失败是奠定未来做世界大公司的基础。阿里巴巴也告诉员工，公司前面的失败是为日后成为一个更大更国际化的大公司积累经验。这也是我或者我们和马云的区别。

我进北大后非常自卑，觉得自己不会讲普通话，文艺体育都不行，还长得不好看，不可能会成为学生干部，也不可能找到女朋友，因此连尝试一下都不，就自己抑郁着，甚至得了肺结核。除了读了不少书，交了几个朋友，几乎什么都没做成，白白浪费了五年的大好时光，不战自败。我想，很多人看到这里也会苦笑自己是这样的人。

现在我知道了，人的根本区别不在于家庭身份，不在于长相外貌，不在于学历学位，只在于自身。在这个世界上，只有自己能掌握自己的命运。没有任何人可以阻止我们前进，只要我们自己往前走。没有任何人能把我们从泥泞中拉起来，只有我们自己可以爬起来。这个世界上90%的人都是追随者，但你要对自己说："我不是，我是来引领这个世界的！"

有时，挡住我们前进的脚步的，恰恰是不愿意迈出第一个脚步的我们自己。

真正的精英具有家国情怀

> 人生最重要的是选择一条你要走的路，并坚持自己心中的某个价值标准，不要因为某种苟且的理由而改变自己的发展方向。我希望所有创业者在如此喧嚣的世界上，永远都能够保有自己的家国情怀。

我觉得一个人如果总是想着利己的话，是不会获利的。不顾及别人的利益，自己的世界就会越来越小。人心都是肉长的，想想看，如果你周围有一个人，聪明但自私，这样的人越聪明，你就会觉得越危险，想离他越远一点儿。

在我身边，凡是聪明但特别精明的人，我都不会把他们当朋友看。我会分辨谁是又聪明、又精明、又特别自私的人，表面上会应付，但不会上当。我是利他主义精神的弘扬者，希望自己可以为周围的人带来更多快乐和帮助。我觉得这样，自己的世界会越来越大。

举一个简单的例子，现在经常有朋友请我帮忙，因为我的社会资源比较丰富。很多朋友的孩子需要辅导，也会找我。我每天要花一两个小时处理这样的事情。有时候觉得很烦琐，但只要想到，这对我来说或许是一件小事，但对别人的家庭来说却是一件无可替代的大事，我就会想办法帮忙。

后来我发现自己其实没有浪费时间。等我自己或者新东方需要帮助的时候，他们一般都会说："俞老师，你放心，你的事情就是我的事情。"通过这样的交换，每个人的世界都变得越来越宽。当别人知道你是一个特别自私的人，有好处才出现，没好处就不出现的时候，你再倒过来寻求别人的帮助，别人可能不会答应。

帮助别人就是帮助自己。精明没有问题，自我成长也没有问题，但在自我成长的过程中，一定要考虑别人的感受，帮助别人。这对拓宽、提高我们生命的宽度和高度一定是有好处的。

一个自私的、只关注自己利益的人，不管有多成功，都不能被叫作“精英”。在中国，真正的新精英的定义是既能够自我成长，又能够帮助这个社会进步的人。因此，具有家国情怀，探索体制变革，促进经济发展、文明进步，是我们一代代人的使命。

什么是家国情怀？

一个人，想赚钱是低境界，想为社会做贡献是高境界。我自己最初创业虽然也是为了钱，但是当拿到了留学的学费，也解决了生活费的时候，却放弃了出国。当时我意识到自己每天在帮助年轻人成长，帮助他们上更好的大学，这件事情的意义已经超出了我能赚多少钱的价值。这件事往大说是支持中国教育的发展，往小说就是做好新东方。

人生最重要的是选择一条你要走的路，并坚持自己心中的某个价值标准，不要因为某种苟且的理由而改变自己的发展方向。我希望所有创业者在如此喧嚣的世界上，永远都能够保有自己的家国情怀。

做人要有正确的渴望带动生命前行

> 我现在的人生就是一步一步走出来的，随着移动互联网时代的到来，我更加很难想清楚五年以后会怎么样。但我今天必须努力理解移动互联网时代正在发生什么，并且把我理解的正在发生的变革运用到新东方未来的发展中。

我能够走到今天，有一个重要的原因，就是内心有一种渴望，希望明天能比今天更好，希望明年能比今年更好，希望之后的五年能比现在的五年更好。

因为有了更好的渴望，人生自然会被引领着前行。当然，你心里的渴望到底是什么，要先弄清楚。有正确的渴望，也有错误的渴望。比如一些政府官员落马，他们也是有渴望的，但不是渴望把自己的工作做得更好，不是更好地为人民服务，而是渴望钱越多越好，就走偏了；也有很多企业家或者商人希望把自己的企业经营好，但是他的渴望是钱越多越好，至于钱是怎么来的，就不管了，最后也走偏了。有渴望很好，但是这个渴望要建立在正向的志向上，保证做人做事不能偏离正轨，才能让自己的道路越走越宽。

我当然希望中国的年轻人都立志高远，在年轻的时候就能够定一个终身目标，比如当伟大的政治家或者伟大的企业家。但是，我觉得大多数人在一开始是不可能把自己一辈子到底想干什么弄清楚的。我现在的人生就是一步一步走出来的，随着移动互联网时代的到来，我更加很难想清楚五年以后会怎么样。但我今天必须努力理解移动互联网时代正在发生什么，并且把我理解的正在发生的变革运用到新东方未来的发展中。

向我探讨的年轻人中，我一直不太欣赏那种好高骛远，想一口吃成胖子，没有任何基础就想做下一个马云的人，甚至他长得可能还不如马云好看，这样的人我认为成不了大事。不管现在的社会变迁多么迅速，人和事都依然是一步一步叠加做成的。新东方尽管做得不算太大，但是到今天为止，除了商业模式变革曾给我带来紧张感以外，并没有遇到太多的危机，我觉得这跟我愿意每天都取得一点儿进步是有关系的。

我曾谈过人有两种生活方式，第一种是像草一样活着，尽管活着，每年也在成长，但毕竟只是一棵草，即使充分吸收了雨露阳光，也长不高。人们可以踩过你，但是不会因为你的痛苦而痛苦，更不会因为你被踩了而怜悯你，甚至可能压根就没有把你放在眼里。所以我们每一个人，都应该像树一样成长，即使年轻的时候什么都不是，但只要你有树的种子，即使被踩到泥土中间，依然能吸收泥土的养分，顺利成长起来。在长成参天大树以后，远远地，人们就能看到你；走近你，能享受你带来的绿色。活着是美丽的风景，死了依然是栋梁之材。这就是我们每个人做人和成长的标准。

希望每个人都渴望做一棵树，立于天地间，不悔于己，无愧于人。

寻找生命中的精神榜样

> 我读过不少名人传记，也仰慕过毛泽东的天才、富兰克林的智慧、林肯的信念、卢梭的坦诚，甚至羡慕过毕加索的九次婚姻。但这些伟大人物离我们的生活实在太远了，远不如那些与我们朝夕相处的人对我们的影响力大。

之前电影《模仿游戏》在国内上映，同期的《捉妖记》《大圣归来》等拿了上亿元票房，《模仿游戏》却只拿到约3000万元票房，但并不代表这不是一部好电影。影片改编自安德鲁·霍奇斯编著的《艾伦·图灵传》，讲述了“计算机科学之父”艾伦·图灵的传奇人生。电影主要聚焦于图灵协助盟军破译德国密码系统“英格玛”，从而扭转“二战”战局的经历。电影的最后，图灵因同性取向被告发，被迫自杀。自杀方式是咬了一口泡过氰化钾的苹果。他在“二战”时帮助同盟军用特殊方法组建的图灵机，就是现代计算机的前身。曾有传闻说乔布斯将苹果品牌的logo定为一个被咬了一口的苹果，就是为了纪念图灵。

即使这是个美丽的传闻，但我想说的是，其实我们的人生中需要有这样的灵魂人物、精神人物作为我们的榜样，激励我们前进，开创自己的事业和人生。

也许是因为天资愚笨，我总会羡慕那些比我优秀的人，追随在他们身后，热心地为他们做事。我的优点之一就是从来不妒忌比我优秀的人，而是努力效仿他们，把他们作为我学习的榜样。也正是这一优点成就了我的今天。那么，榜样怎么找呢？

父母是离我们最近的学习榜样。我的父母都是淳朴的农民，他们虽无力教我读书，却用他们的勤劳和善良教会了我最基本的做人道理和是非标准。所以，父母对我们的影响虽然可能无法用文字来描述，却是我们一生都受用不尽的。

同学也可以成为我们学习的榜样。我高中毕业时，一个同学考上了一所大专师范学院。他是我们班唯一考上大学的人，在全校引起了轰动。许多同学在羡慕一番后都回家变成了地道的农民。我却一直想着这件事，下决心也要考上大学，最后我进了中国最好的大学之一。直到现在我都对他心存感激，仍和他是好朋友。

同事也是我们应该学习的榜样。共事的人中肯定有人很优秀，值得我们尊敬和学习。我在新东方共事的很多优秀人物都是我过去20多年里学习的榜样。例如王强，他特别喜欢买书、读书，我几乎每星期都和他一起逛书店，自己也买书来读。至今，我的藏书虽不及他，却养成了和他相近的读书习惯。还有徐小平，他当年在北大是著名的活跃分子，思想敏锐，口若悬河，我上课的风格有一部分就受了他的影响。还有包凡一，他独到的批判精神和自嘲精神，对我后来的做事方式和判断力也产生了深刻的影响。

我读过不少名人传记，也仰慕过毛泽东的天才、富兰克林的智慧、林肯的信念、卢梭的坦诚，甚至羡慕过毕加索的九次婚姻。但这些伟大人物离我们的生活实在太远了，远不如那些与我们朝夕相处的人对我们的影响力大。所以，我们要善于从生活中寻找榜样，诚心诚意向他们学习，这样，即使我们不能超越他们，也会变得更加优秀。

当然，你把潘石屹、马云、柳传志或者我本人作为榜样也可以。总之，你一定可以找到自己的榜样，并从榜样的身上得到力量，成就自己人生的辉煌。

幸福的定义

> 幸福是可以寻找点点滴滴的轨迹的，每个人心中幸福的概念都不一样，我只希望大家既能遵循幸福的轨迹，也能沿着自己内心对幸福的定义前行，让自己的人生变得更加圆满。

周国平老师曾经讲过，他的每一本书都有幸福的主题。从心灵的丰富到财富如何积累，一个人如何通过独处更加了解自我，更加享受精神上的丰富性……他对人生有着非常深刻的研究和了解。而我，只能从我个人的感悟和实践体会中讲一讲什么叫作幸福。

我这辈子最幸福的事就是选对了职业

我发现我这辈子总的来说还算比较幸福。最幸福的事就是选对了职业。要知道，我们那一代人更多的是“被分配工作”，而不是“主动挑选工作”。现在大学毕业以后找工作，某种意义上来说比我们更加幸福。因为，你可以找自己喜欢的工作，如果找不到可以暂时不工作，直到你喜欢的工作来找你；或者如果找到了工作却发现自己并不喜欢，还可以辞职。我们当时毕业是听组织分配，组织叫你干什么你就干什么。我毕业时差一点儿被分配去当公务员，我非常清楚地了解，当公务员不符合我懒散的个性，庸庸碌碌度过一生，我没这个耐心。尤其是“发不了财”这一点，让我很担心。

我喜欢在北大的美丽校园里闲散地生活，一个星期只教8小时的课，虽然我当时也并不是真的喜欢当老师。可是，人生就是这样，我们在成长过程中可能会发现新的幸福源泉。我没有受过教师培训，也不是师范大学毕业的，刚开始讲课的时候学生逃课很正常。那时北大不允许老师点名，认为老师点名是一种压迫学生的行为，于是我只能自己想办法。怎样吸引学生来我的教室听课呢？从此我开始反复训练幽默感，没想到两年不到，我就成了学生们喜欢的老师。后来，我当老师越当越高兴，教50个，教100个，最后，我想，我为什么不能给1000个学生上课呢？接着，我创建了新东方学校。到现在为止，我还在讲台上给学生上课，给学生做讲座。

所以，我给幸福下的第一要义就是，一辈子找一件自己非常喜欢做的事。

人可以孤独，但是不能孤单

幸福的第二要义是，周围要有人跟我们在一起。这包括两部分：一部分是我们喜欢的周围的朋友，一部分是我们找到的一辈子愿意跟自己生活的那个人。人可以孤独，但是不能孤单。孤独是一种心灵上的感觉，孤单是一种肉体上的折磨。我们可以在心灵孤独时，思考人生和自我，却不能忍受没有人关心自己。避开孤单的最好方法就是周围有一帮好朋友，我很幸运，从小到大都有朋友陪伴。

人有的时候也应该避开热闹，太热闹了，热闹本身就成了生活中的一种麻烦。我这么多年最大的成功是能够从热闹中抽身而出，走向孤独的自己。我的生活中有很多诱惑，一不小心就会陷入热闹之中：喝酒、唱歌、聊天……喝多了第二天头昏脑涨又是一天。然而随着年龄的增长，我越来越容易抽身出来，在自己的世界里孤独思考。

但请记住：不要热闹，不等于不要朋友。朋友对我来说特别重要，新东方之所以能够做起来，就是因为我的几个大学和中学的朋友。而且还真是按照周国平老师的标准来挑的，挑朋友是挑能给你带来心灵丰富性的朋友，你能从他们身上学到很多东西。

讲到婚姻，一个人最幸运的就是找到一个适合自己的另一半。跟你在一起心心相印，既可以互相理解，同时又对你全身心地接受，在生活中遇到任何困境都不抱怨、不刺激你。

一个有未来的人就是幸福的人

幸福的第三要义就是要心怀未来，一个心怀未来的人就是幸福的人。

这个未来不能包含比较，也不能过分期待和追求。现在的中国人为什么这么焦虑，是因为我们比较了不该比较的东西，我们总是比较谁比谁成绩好，谁比谁赚的工资多，谁比谁的房子大，谁比谁先买了汽车，谁比谁的儿子更优秀。成长是一件美好的事情，寻找生命的丰富性，寻找未来更大的可能性，对未来抱有适当的期待，才会收获幸福。

总而言之，幸福是可以寻找点点滴滴的轨迹的，每个人心中幸福的概念都不一样，我只希望大家既能遵循幸福的轨迹，也能沿着自己内心对幸福的定义前行，让自己的人生变得更加圆满。

人生的几个关键词

> 理想先行，行动后跟，人生就会不断前进。

在我们的人生道路上，有几个关键词需要大家重点把握。

第一个关键词就是“理想”，人不能没有理想。我们要给自己的人生定一个高度，之后就会发现，自己在不知不觉地往上爬。习近平主席过去在陕北的延川县梁家河大队插队的时候读了很多书，曾为了借一本书走30多公里路。他当时还只是在基建队劳动，但是理想是要让中国强大，为国家做贡献。他当时当然没有预料到自己会成为国家主席，但是他能做到现在的位置，恰恰是因为他当时坚决要在中国农村领导一个县前进。

我的理想没那么高远，而且如前文所说，是阶段性的。第一个理想是考上大学，结果上了北大；第二个理想是变成一个好老师，结果就当了一个老师；第三个理想是教书赚钱，结果就办了培训班；第四个理想是出国读书，但没有任何学校给我奖学金，结果我只能把第四个理想放一放，创办了新东方。

做了新东方以后我发现这件事挺有意义的，帮助了无数人出国念哈佛、耶鲁、斯坦福等世界名牌大学，于是我就一直做了下来，最后做成了上市公司。每年约有300万学生在新东方学习，我们教学，帮助他们成长。新东方还每年都在山区建小学，派老师过去支教，帮贫困地区的孩子习得知识，了解外面的世界。现在新东方拥有35000个员工，至少为国家解决了35000个就业岗位。

另外，我一直想自己建一所大学，2013年就实现了这个梦想，接手了一家民办大学耿丹学院。接下来我想用20年的时间，把它打造成中国最优秀的，可以和国内一流大学媲美的大学。2014年，我想成立一个基金支持年轻人创业，结果和盛希泰一起创立了洪泰基金。

你看，理想先行，行动后跟，人生就会不断前进。

第二个关键词是“成就感”。幸福源自成就感，没有成就感就没有幸福。做任何事情都能获得成就感和对自我的认可。例如，你背一首诗有成就感，做科研发明有成就感，谈恋爱成功了有成就感，考上公务员了也会有成就感。因为这一切成功表明你的能力在发挥。能力有高有低，但不去发挥，不去锻炼，就永远不知道自己的潜力。

第三个关键词是“自信”，我们要修炼得自信十足，把自己修炼得雷打不动，水泼不进。不能因为家庭贫困或有生理缺陷就自我贬低。这方面我再次呼吁大家向马云学习，千万不要学我。我自卑到大三，自卑到得了肺结核，用了7年时间才把自己的自卑克服。但是马云只用了一个星期就想通了：“我长得难看，不是我难过，是别人难过。”朋友们，不要自卑，不要低估自己的力量，因为人的能量随时可能会爆发。

我 的 心 得 和 收 获

第8章

如何成为一个优秀的人？

我 的 困 惑

追求高质量的朋友圈

> 交朋友是“宁为牛后，不为鸡头”，尽可能结交比你水平高的人。可以把自己朋友的层次不断拔高，追求更高的社交圈。

我曾说过，做事情和交朋友不一样。交朋友是“宁为牛后，不为鸡头”，尽可能结交比你水平高的人。可以把自己朋友的层次不断拔高，追求更高的社交圈。当然，这并不是说，进入更高的社交圈后，过去的朋友就没用了。新东方执行总裁周成刚是我的中学同学，那时我是班长，他是英语课代表。为什么我们到现在还能一起工作？因为保持了同步的进步。

朋友圈就是这样一圈一圈净化的，我的朋友圈变化很清晰。第一圈是小时候在农村一起玩的朋友，一直到18岁为止；进入大学以后，大学同学变成了好朋友，就是《中国合伙人》里提到的那些人，现在王强、徐小平都是有名的投资人了；大学毕业以后在北大当老师，北大的一批老师就变成了我的朋友。

最痛苦的一段时间是从北大出来到1995年的那几年。新东方1993年成立，实际上我从1991年就开始做英语培训了，只不过那时候是在为别的机构工作。那时候，我发现自己与周围的老师、工作人员很难产生思想、精神上的共鸣，感到非常痛苦。所以无论如何，我都必须要和能让我学到东西的人共事，于是想到了大学这批同学，他们在国外待了六七年，要么是硕士，要么是博士，或者在国外大公司工作过，我一定能从他们身上学到一些东西。

现在看来这个决定是对的，尽管他们回来以后把我弄得半死不活。在不同个性和文化碰撞的过程中，新东方从一个家族企业、合伙企业变成了一个现代化的国际上市公司。

新东方计划上市前，我发现周围这些朋友的知识结构完全不可能帮助新东方成功上市，所以上市前后，人员配置又发生了变化。新东方前CFO谢东萤，斯坦福大学本科毕业，哈佛大学法学硕士，伯克利大学法学博士。他就是当时新东方需要的人，各方面水平看上去都比我高。

新东方上市以后，我又以最快的速度扩大了自己的朋友圈，现在中国企业家俱乐部的一大批人，还有一些著名的经济学家都成了我的朋友。

做事情宁为鸡头，不为牛后

> 在一生中，把一件事情做到极致就很了不起。

上文说的是交朋友“宁为牛后，不为鸡头”，现在我要说的是，做事情一定要想办法做到“宁为鸡头，不为牛后”。在人生旅程中，我们都需要创造成就感，而成就感跟人的自信和积极心态有非常大的关联。一个孩子如果绘画、钢琴、书法、数学、语文，什么都学，那么他什么都难做到第一。所以，对大部分孩子来说，要培养他健康成长的一个重要前提条件是，培养他在某一个方面变成第一，一个就够。否则什么都会，却什么都不精通，很可能最后会失掉所有自信。

做事情也要看能力，在一生中，把一件事情做到极致就很了不起。之前新东方的团队从日本给我带回来一件礼物，是印传屋的鹿皮。他们几百年来就做手工，只做最精致的鹿皮制品，到现在为止，员工也只有40个人左右。订单像雪花一样飞来，但他们就不扩大规模。他们说订单跟他们一点儿关系也没有，他们只追求品质。有同事问他们为什么不想办法上市，他们就反问，上市跟他们有什么关系？上市跟品质有什么关系？他们就保持同样的规模和生产速度，几百年一代一代传承下来。

我经营新东方20多年，有无数次做房地产、投机的机会，但我都没有参与，唯一的理由就是因为这些事情会牵扯我的精力，让我无法全心全意投入新东方的事务。经营新东方到现在，我只有一个目标，就是保持好的教学质量。忘掉钱，忘掉收入，忘掉利润，让它自然而来。但问耕耘，不问收获。专注于做能够提供给学生、家庭最优秀服务、最优秀教学品质的一切事情。考虑的是用什么方式传递知识更有效。也正是因为把握住了这个本质，新东方才在一次次的颠覆浪潮中始终屹立在龙头地位，没有被淘汰。

做人像水，做事像山

> 做人要尽量往低处走，让着别人，遇见利益和名声尽可能往后退，给自己留有积累和发展的空间；做事一定要有自己的主见和目标，像山一样坚定，才能把事做好。

我有一句自己的格言："做人像水，做事像山。"

做人要像水。水是流动的，水是变化的，水是往低处流的。如果你把自己放得很低，容量就会越来越大，你会变得很宽广。一个小小的池塘是很容易被污染的，但是湖和海是相对不容易被污染的，可以容纳更多东西，还能为自己带来更多机会。

我们都是河流，但是每一条河流的生命是不一样的。有的可能流着流着就没了，或者被污染了，或者消失在沙漠中。我们的生命之河有时候流着流着，可能会由于个性的缺陷，面对困难时退步或胆怯，慢慢地干涸，停滞不动，不再前进，也到不了更广阔的海洋。所以我们要做水，尽管黄河九曲十弯，曲线不同，运行方式不同，但是最后都流向大海。当我们流入大海时，就会变得更加丰富、清澈、透明，生命本身也会变成最美丽的颜色——大海的蔚蓝色。总之，我们应该具备并秉持水的精神，不断前进，积蓄自己的力量，冲破种种障碍，即便一时被污染了，也要自我涤荡。

做事像山，就是说，做事要有坚定不移的信念，那信念要像山一样不可动摇。如果有一个目标在你眼前，这个目标对你的进步很重要，你就要坚定不移地追求，不能随便改变。天才也许一下子就可以达到目标，而地才需要十年的奋斗才能达到目标。能到金字塔顶端的，第一种是雄鹰，是天才；第二种是蜗牛，是地才。蜗牛爬上金字塔的过程可能要花三五年甚至十年，但只要能爬到金字塔的顶端，看到的世界就和雄鹰的一样，看到的地平线和雄鹰的也一样。如果让我选择，我选择当蜗牛，不当雄鹰。因为一件轻而易举就能做到的事情，是留不下深刻回忆的，对于人生过程中酸甜苦辣的体验，也不如坚持努力来得深刻。

由此，我们要知道：做人要尽量往低处走，让着别人，遇见利益和名声尽可能往后退，给自己留有积累和发展的空间；做事一定要有自己的主见和目标，像山一样坚定，才能把事做好。

先做人，后做事

> 我做人做事遵循的几个原则是：专心致志，尽善尽美；学习榜样，提高境界；建立标准，就高避低；善待生命，珍惜时光。

我认为，一个人在这个世界上应该先做人，后做事。人做不好，事就做不好。以下是我做人做事所遵循的几条原则，供大家参考：

专心致志，尽善尽美；学习榜样，提高境界；建立标准，就高避低；善待生命，珍惜时光。

我曾跟学生反复强调，学英语从来不是如何学的问题，而是用一种什么样的心态来学的问题。不管你是什么人，一旦下定决心做事情，就要专心致志，尽可能做到尽善尽美。我从小就有一个优点：一件事到了我手里，我一般都会认认真真地做完它，很少不做完就去做另外一件事情。这种做事方法我到今天还保持着，并从中获益良多。我也就是用这种方法来处理新东方的很多事，促成了新东方今天的成功。所以，对待任何一件事情，都要有认真的态度。

俗话说，榜样的力量是无穷的。而学习榜样，主要从两个方面做起：一是从现实生活中学，二是从历史中学。在现实生活中，每一个人都有可能成为我们的榜样。孔夫子说："三人行，必有我师焉。"每一个人身上都有你可以汲取的营养。即使从失败的人身上，你也可以间接地吸取教训。新东方很多人性格迥异，优点明显，缺点也明显，但他们每个人身上都有我可以学习和借鉴的东西。王强老师个性耿直，徐小平老师充满激情，陈向东老师具有敏锐的经济意识和市场意识——他们都是我学习的榜样。从历史的角度看，我们可学习的榜样就更多了：耶稣、释迦牟尼、苏格拉底、孔子、马丁·路德·金……他们的人格、胸怀、智慧和勇气让我们在折服的同时也充满向往，从他们身上我们能获得强大的力量，并在这种力量的驱使下不断学习，完善自我，力图成为更优秀的人。

此外，我觉得做事情一定要建立标准，就高避低。建立标准就是建立道德标准和行为标准，而且标准一旦建立起来，就必须严格遵守，不能随意更改。比如你给自己定了一条行为标准，即不能随地吐痰，那你就必须遵守这一标准，不能因为别人随地吐痰就轻易破坏自己的标准。我们身边总会出现道德和行为准则比我们低的人，我们要是向他们学习，只会越学越糟糕。

最后，我说“善待生命，珍惜时光”，是希望大家知道生命的珍贵、时光的美好。我们永远不可能知道我们死后会不会有另一个世界接纳我们，也无法知道我们的灵魂是不是永恒不灭。我们唯一知道的是生命只有一次，而我们的生命不仅仅属于自己，还属于我们的父母、家人和朋友。只要设想一下有多少父母因为孩子们的不幸而悲痛欲绝，你就会明白人活在世界上，不仅仅是为了自己。

我在人生中遇到过几次大的艰难险阻，曾数次在死亡线上徘徊。当最终从死亡线上回来时，我备感生命的亲切和可爱。凡是经历过生死考验的人肯定都有我这样的感受。我还记得有一次我在医院经过两天的抢救终于醒来，看到一缕阳光透过窗户射进病房，当时就感动得热泪盈眶，觉得太阳就是为我而重新升起的。从此，生命对我来说有了完全不同的意义。我开始善待生命，尽可能去做自己真心想做的事情，做能给自己带来欢乐和幸福的事情。我也更加懂得珍惜家庭，珍惜友情，珍惜自然。

书都没读过，怎么仰望星空

> 我人生中有三件幸福的事：有人爱，有事做，有期待。

我不知道大家在上学的时候有没有养成读书的好习惯，我这里说的读书不仅仅是指学习专业知识，更是指读天下之书，读各种各样能够开启智慧、启发理想、燃烧激情的书。我能走到今天，并不是因为我的英语水平有多高，也不是因为我在大学的学习成绩有多好，而是因为我在五年的本科生活中，读了近800本书。从大学毕业到今天，我大概又读了两三千本书。

现在我还是以每年60本左右的速度在读书。

我人生中有三件幸福的事：有人爱，有事做，有期待。对一本好书的期待常常让我觉得幸福。每次出差我都会带上一堆书，虽然实际上根本没有时间看，基本上只是背来背去。朋友嘲笑我带书不看的愚蠢，我自己想想也觉得好笑，但下次出差还是接着带，好像没书在身边，灵魂就没了安全感。生活中有许多东西值得牵挂，我就满足于自己对书的牵念，并乐此不疲。

人的进步是一辈子的事情。在北大上学是我人生的一个新的开始，有很多事情特别让我感动。比如，我很有幸见过朱光潜教授，在他生命的最后一段日子里，我们班的同学每天轮流推着轮椅在校园里陪他散步。每当我推着轮椅的时候，心中就充满了对朱光潜教授的崇拜，一种神圣感油然而生。我在大学看得最多的就是美学书。他写了一本《西方美学史》，是我进大学以后读的第二本书。

为什么是第二本呢？因为第一本是这样来的。我第一次走进宿舍时，有个同学已经在里面了。他当时正躺在床上看一本书，叫“第三帝国的兴亡”。我就问他：“在大学还要读这种书？”他把书从眼睛上拿开，看了我一眼，没理我，继续读他的书。这一眼一直留在我心里。那时我才知道，进大学不仅仅是来学专业知识的，还要读大量其他类别的书。所以，我在大学读的第一本书就是《第三帝国的兴亡》，而且读了三遍。后来我去找这个同学，说："咱们聊聊《第三帝国的兴亡》吧。"他说："我已经忘了。"

我进大学以前连《红楼梦》都没有读过，所以看到同学们一本一本书在读，我就拼命地追赶。最后用了五年时间读了近800本书，虽然依然没有赶超我那些同学。我的班长王强就是一个书癖，那时他每次买书我都跟着去。当时北大给我们每个月发20多块钱的生活费，王强总是把生活费一分为二，一半用来买书，一半用来买饭菜票。买书的钱绝不用来买饭票。

有一句话是："读万卷书不如行万里路，行万里路不如阅人无数，阅人无数不如明师指路。"我有幸得以认识和见识那么多良师益友，他们影响我养成了读书的好习惯。不过，不管是读万卷书、行万里路、阅人无数，还是明师指路，都不能解决本质问题，所有上述这些事情都只是基础，我们必须开悟、通透，把所学的知识应用在人生道路上。

一个人如果希望自己获得成功或者活得充实，需要养成良好的习惯。重复成习惯，习惯成自然，自然成个性，个性成命运。我们的个性并非都是天生的，许多时候，我们的行为方式、思维习惯、应急反应都是基于过去养成的习惯。所以，很多时候决定命运的是我们面对事情的态度，而非事情本身。养成良好的读书习惯，把握住有限的生命，我们才能度过有意义的人生。

一年读100本书的秘诀

> 每个人读书的偏好和喜欢的内容也不一样，所以读书是非常个人化的事情，不用亦步亦趋，别人的观点最多作为参考。

有不少人曾问过我同一个问题：你读书怎么能读得这么快？我翻书翻得很多，但认真读书有时很难。我一年认真读的书大概二三十本。算上不认真读的书，一年有100多本书。我读书的方法主要有三类：悟读、精读和泛读。

所谓悟读，就是认真领悟，一句一句认真阅读和理解，最后甚至通过反复阅读背诵出来。这样阅读的对象一定是顶级经典著作，是对人类文明和智慧带来重大价值的著作。这很像是古代的学习，要求学子把四书五经背得滚瓜烂熟一样。只不过对于那个时候的大部分人来说，背和悟是两张皮，很多人在还没有领悟能力的小时候先死记硬背啃下来，等长大后有了人生阅历，再像牛一样，把背过的东西慢慢反刍和领会。今天我们已经不一定非要把四书五经都背出来，但像《论语》《中庸》《孟子》这样的书依然值得深度理解，并把好的部分背下来。这一类著作还有很多，像《老子》《庄子》《孙子兵法》，以及一些宗教经典。读这样的书，一天只要读一段就行，要反复咀嚼，反复朗读，直到有所领悟方能罢休。拿起这样的书，必须先凝神屏息，保持心态平和，不能有杂念和烦恼留在心里。

所谓精读，就是碰到自己特别喜欢的书，在文笔、知识、思想高度上都对自己有启示的书，可以多读几遍。比如我把马尔克斯的《百年孤独》读了四到五遍，书中魔幻现实主义的描写方式、流畅的文笔、人物命运的描述，都让我有爱不释手的感觉。阿来的《尘埃落定》我也读了三遍，文笔铺陈上和《百年孤独》有类似的手法。岳南的《南渡北归》厚厚三本书百万字，我也读了两遍，对于一代知识分子的命运总是心有戚戚焉，久久不能释怀，拿起了放下，放下了再拿起来。一个人一生总应该有十本左右的书是反复阅读的，通过深度阅读，提升自己的情感度和智慧度。

所谓泛读，就是泛泛阅读。我认为世界上大部分的书，泛泛阅读就可以了，主要是为了增加自己知识的广度和思维的宽度。在出版物和信息泛滥的时代，很多书中的内容是重复的，甚至是无效的。当我拿到一本新书时，一般都会先随意从中抽取几页阅读，如果读出点感觉，就会从头往后按顺序翻阅。凡是觉得啰唆不值得花时间的地方，就一扫而过；凡是需要认真阅读的段落，就放慢速度仔细读。有的时候读到好的地方，也会用笔做标记，这样读完了可以把重点再读一遍。这样的阅读，我的速度大概每分钟一页左右，一般300页左右的书4个多小时就能读完。这也是为什么我能够每天给大家介绍一本书的原因。但泛泛阅读也不是读过就算了，书中如果有给你灵感和思考的地方，要重点标注出来或者扫描存档，以备日后的学习和引用。

每个人都有自己的读书方法和习惯，只要自己感到舒坦就好。每个人读书的偏好和喜欢的内容也不一样，所以读书是非常个人化的事情，不用亦步亦趋，别人的观点最多作为参考。

可能一个人推荐的书，另外一个人常常读得惨不忍睹。对我来说，一杯清茶，一缕阳光，窗外竹影摇曳，窗内书香浮动，就是人生最惬意的享受。

一个优秀的人的八条标志

> 我相信一个人的成长，即使到了80岁，只要还活着，依然可以继续下去。

我相信一个人的成长，即使到了80岁，只要还活着，依然可以继续下去。我一直在向优秀的人靠近，这辈子一直在追随优秀的人的脚步。从进入北大开始，我的很多同学就成为我学习的榜样。到我大学毕业以后，很多北大的老师也成为我学习的榜样，否则我不会从一个给50人的课堂上课，只剩下3个学生的人，变成北大的优秀老师。创立新东方以后，我不断地向新东方里的各种人学习，不管年轻的、年老的，对我来说没有区别，唯一的区别就是他们身上有没有值得我学习的东西。现在我跟中国和世界范围内的很多著名企业家、政治家、思想家打交道的时候，跟很多成功人士打交道的时候，也从他们身上看到了某些优秀的特质。

当然，人无完人，如果你在我身边工作，就会发现我身上有很多缺点，而且有些缺点还挺顽固的。优秀真的是很难的一件事情，但是，我们可以归纳一下，一个优秀的人具有哪些特质。我总结了一下，一个优秀的人的标志和特点大概有八条。

第一条，热爱生命。

一个优秀的人首先是一个热爱生命的人。热爱生命首先是爱自己，自信而不狂妄。其次兼顾他人，喜欢交朋友。热爱大自然也是热爱生命的一个重要组成部分。总的来说，就是“三热爱”——爱自己，爱他人，爱自然。“三热爱”是优秀的人的第一个标志，我们每个人都可以检讨一下自己，不管生命中遇到多少艰难困苦，我们依然对生命保持热情吗？

第二条，有一份喜欢并且愿意专注投入的工作。

一个人热爱工作、专注工作，就一定会在工作上取得好成绩。无数名人讲过“工作着就是幸福的”。一个人有斗志，就会喜欢挑战更难的工作，喜欢锻炼自己，让自己的生命更充实。有一份自己真正喜欢的工作，愿意把它深入下去，做得尽善尽美，同时通过这份工作获取一份收入，这是再好不过的事情。

第三条，不在乎得失。

人们对“得”很容易接受，但对“失”却很难坦然接受。即便是一个小小的“失”，我们都会很难受，更何况大“失”呢？但残酷的是，我们一生中不可避免地会失去很多东西。如果我们对得失，尤其是“失”特别在乎，就会走很多弯路。许多企业家已经有了几十亿、上百亿的资产，却还想通过不法途径得到更多财富。一心只想得到，不止是贪心。有些公司让财务人员做假账，只为少交税，少失去一些钱财，不止是吝啬。得失心太重，很可能导致我们走上歧途。所以我们应该正确看待得失：得到是人生的赏赐，要心怀感恩；失去是人生的磨炼，要坦然面对。

第四条，心怀他人。

一个优秀的人做任何事都会关注他人的感受，考虑他人的利益，心怀他人。任何人不管说话还是做事，如果只顾自己，不顾他人感受，只会让自己活动的空间越来越窄。当然，任何人都不可能没有伤害别人的时候，但我们还是应该尽力照顾别人的感受，减少伤害。尤其是处于领导层的人，面对下属时要尊重他们，切忌侮辱谩骂。关注他人的感受，从语言上到行为上都是一件特别重要的事情。否则，即便你有能力也不一定有好结果。

第五条，努力追求成就感和荣誉感。

请注意，努力追求不包括不择手段。一个优秀的人会永怀上进之心，不断追求成就感和荣誉感，并且把它们放在财富和社会地位之前，这样才会变得越来越好。

第六条，每天坚持学习和成长。

读书是我们不断学习和成长最重要的一条途径。世界名牌大学的公开课也是一条促进成长的有效途径。观察并学习周围的人的优点，也能让我们变得更加优秀。一个优秀的人肯定每天都在通过各种各样的方式学习、进步和成长。

第七条，有真诚、坦率、阳光的性格。

一个真诚、坦率、阳光的人很容易就能获得他人的好感，交到更多朋友。相反，一个虚伪、隐讳、阴暗的人很难让人接近，常常孤独自处。这是人的天性，没有人会喜欢给自己阴郁感觉的人，人们总是喜欢、欣赏能灿烂自己生活的人。

第八条，虚心谦卑，不妄自尊大。

一个优秀的人不会因为他人的赞赏、崇拜，便抬高自己，妄自尊大。他会永远保持自己是一个普通人的心态，这也有利于平衡得失心。

其实，优秀的人还有很多其他的普遍特征。但是，这八条中，如果我们能做到其中一两条，也不失为一个优秀的人。做一个优秀的人吧，让我们以此共勉！

我 的 心 得 和 收 获

写在最后：在生活中寻找养料

我 的 困 惑

让每一天都活得丰盈温暖

人活着，除了生命的长度，还有生命的宽度和深度。宽度，是体验世界的广阔，阅读、旅游、交友，是让生命包容万象。深度，是品味精神的丰盈，情感、爱好、探究，至深至迷，是让生命溢满温暖。

我们大多数人都知道自己的生日，但没有人能够知道自己哪天会离开世界。每个人都是这个世界的过客，什么时候离开个人没有太多决定权。

我们努力追求生命的长度，因为有长度可以看到更多世界的精彩。一片树叶，春天刚长出来就飘零实在可惜，因为它失去了夏天和秋天，失去了让自己变得绚烂的时间。所以我们要努力爱惜身体，确保正常情况下好好活下去。自己作死，这是最不合算的事情。

就像一片树叶没法掌握自己的去留，一场暴雨、一阵狂风常常会在季节还没有来临时，就把树叶摧残成泥，生命也容易被意外的灾难摧毁。汶川地震几十万生命瞬间消失，还有大楼倒塌、洪水肆虐、桥梁崩溃，生命一瞬间灰飞烟灭。我有个朋友，前一天还活蹦乱跳，第二天却车毁人亡；另一个朋友，不久前还举杯豪饮，现在已绝症弃世。尽管大部分人都有侥幸心理，觉得那样的烂事不会落到自己身上，但其实没有人能够真正掌握自己还没有到来的日子。

既然不可预测，不如醉生梦死？但醉生梦死是一种慢性自杀，心灰意冷更是人间地狱。

人活着，除了生命的长度，还有生命的宽度和深度。宽度，是体验世界的广阔，阅读、旅游、交友，是让生命包容万象。深度，是品味精神的丰盈，情感、爱好、探究，至深至迷，是让生命溢满温暖。

合理筹划未来，认真过好今天，确保身体健康，努力规避危险，专注美好事物，培育精神自由。生的时候昂扬地生，死的时候坦然地死，也许这就是生命的本质所在。

那些滋润我生命的小事

> 我喜欢草的香味，喜欢在干草堆里看星星的感觉，在生命流逝的过程中，这些看似不经意的小事，回忆起来才是点点滴滴幸福的核心内容、滋润生命的力量。

今年北京的雨较多，万物蓬勃生长。我们住的小区有一块很大的草坪，草坪上的草也疯长起来，一段时间没有人来割，草都长到了人的小腿肚子，其中野草生长得尤其茂盛。我在草坪上散步，心里总会升起一个怪念头，这样大一块草坪，要是养上十只八只羊就好了。这样羊把草吃掉，也不用割草坪了，还能看到微缩版的风吹草低见牛羊。

前两天天气好得出奇，蓝天白云，天高云淡。我又去草坪散步，发现有人拿着割草机在修剪草坪了。草被割下来之后一堆堆放着，被太阳一晒，发出浓郁的青草芬芳。这种青草的芬芳可以用醉人来形容，闻过的人都知道。这勾起了我童年的美好回忆。

小时候在农村，家家户户都会养几只羊。我们那里猪和羊吃的东西是不同的，猪通常吃地里种的菜，胡萝卜、野甜菜、红薯叶等，而羊就是吃田埂上或者土岗上的野草。因为南方田埂边上就是农作物，所以羊一般都圈养在家里，否则放出来就连农作物一起吃掉了。我们放学后，第一件事情就是拿上镰刀和草篮子去割草。我们很清楚哪些草羊爱吃，哪些草羊不爱吃。一般都会割上结结实实满满一篮子才回家，这样足够羊吃一两天。到了学校放暑假，我们除了干其他农活，还需要割更多的草，割完后就铺在打谷场上晒。草被太阳一晒，就散发出持续醉人的芬芳，仿佛把太阳的味道也吸收进去了。我小时候一直相信太阳是有香味的，因为草被晒了会发出芬芳；被子放到太阳底下晒后，也有特别好闻的味道；还有在河里洗完的衣服，被太阳晒干后穿在身上，也有清爽舒服的清香味。

夏天的时候，我最喜欢去割草，既喜欢割草时青草的味道，又喜欢太阳把草晒成干草的味道。当干草成堆后，我喜欢在草堆里躺着，白天晒太阳，晚上看天上的星星。有时候看着看着就睡过去了，到露水初降，父母会来把我叫回家。随着夏天过去，看着一堆堆暗青色的干草储藏起来，特别有成就感。这些是家里养的羊一个冬天的粮食，必须把羊养得肥肥的，这样过年的时候就可以卖掉换过年的钱了。

因为从小一直养羊，我对羊还是很有感情的。小时候我能够训练羊只吃路边的草，不去碰边上的农作物，所以我知道羊是很聪明的。后来到了北京我也总喜欢往草原跑，除了喜欢骑马，一个主要的原因就是能够看到羊群，“骏马好似彩云朵，牛羊好似珍珠撒”。到草原上，为了活跃团队气氛，通常会吃烤全羊。但每次杀羊的时候，我都逃得远远的，见不得羊被杀掉的场面。好吧，等烤全羊上桌后，我还是会吃得很香，整个一个虚伪和矛盾的人生。

我喜欢草的香味，喜欢在干草堆里看星星的感觉，在生命流逝的过程中，这些看似不经意的小事，回忆起来才是点点滴滴幸福的核心内容、滋润生命的力量。当有一天我终将逝去，如果能够躺在太阳下的干草堆里，闻着醉人的芳香离去，那应该是另外一种幸福。

天鹅的优雅与自尊

天鹅在啄食过程中，保持着一份面对施舍者的自尊和一份同伴之间相互的尊重，人类面对它们，应该自愧不如吧。其实做人也不难，保留一份得体的自尊，保留一份相互之间的尊重，很多事情就会变得美好和高雅起来。

在温莎小镇，我们走到了泰晤士河边。

泰晤士河在伦敦十分宽阔，而且水流随着大海的潮汐高低起伏，大型船只可以直达伦敦中心。当时造塔桥的主要目的之一就是，大型船只通过的时候，桥面可以打开。而温莎小镇的泰晤士河，已经远离了潮汐的影响，水面平静如镜，两岸树木茂密，秋色迷人。

英国人说，由于今年秋天雨天和晴天来回交替，所以树叶尤其多姿多彩，我们一路走过，确实感到秋色无限。

温莎小镇的泰晤士河里还游着很多天鹅。除了天鹅，还有大雁、野鸭、海鸥等，看来是常年驻扎在这里的。游人一到河边，天鹅、鸭子什么的就成群游过来，海鸥在天空飞舞。一看就是被游人喂习惯了，知道哪里有人哪里就可能有吃的。

这里的鸟类根本不怕人，倒是人被它们追得团团乱转。在中国不太容易有这样的场景，中国的鸟类警惕性都特别高，因为随时都有可能被人抓起来吃了。上个礼拜，我还看到一个报道，在内蒙古天鹅迁徙必经的一个湖上，上百只天鹅被毒死了，到现在凶手也没有抓到。

我们团队的成员到店里买了一些专门喂鸟的食品。当我们把食物撒在水里时，各种鸟类蜂拥而至：海鸥为了抢食开始互撕；大雁和野鸭干脆直接上岸到人手里争食；水里的天鹅也越聚越多，本来在很远地方的天鹅也都游了过来，但天鹅不像其他鸟类那样唧呱乱叫抢食。

天鹅们排在一起，安静地看着你，你把食物撒下去后，它们就伸出长长的脖子，优雅地啄食。如果食物被别的天鹅吃掉了，就抬起头不急不慢地看着你。上百只天鹅在一起，我们一直没有看到任何两只天鹅为了争食互相撕咬的情况。这真让我对天鹅平添了一份敬意。

天鹅在啄食过程中，保持着一份面对施舍者的自尊和一份同伴之间相互的尊重，人类面对它们，应该自愧不如吧。其实做人也不难，保留一份得体的自尊，保留一份相互之间的尊重，很多事情就会变得美好和高雅起来。

钱要怎么花才有意义

> 说到底，有钱是没用的，只有能换来真正的幸福的钱，那才是有意义的钱。所谓的会用钱，一定不是不断给自己提出更多的物质需求，而是不断提升自己的幸福指数。

度假，顾名思义，就是到一个自己喜欢的地方放松一下，比如在海边游游泳看看书，或者带全家到一个风景优美之地吃喝玩乐。度假的主要目的是放松心情，消除工作积累的疲劳，以更好的精力回归奋斗。但中国人度假的方式，往往比工作还要累，每天从一个景点到另一个景点，在导游的带领下，被赶来赶去。每个地方都逛得匆匆忙忙，既不了解其文化历史，也不关心其风土民情，就是照张相，然后匆忙离开。加上各种情愿不情愿的购物，难吃的饭菜，一场旅行回来，筋疲力尽，万念俱灰。

西方人的度假，确实以放松为核心。到一个自己喜欢的地方，彻底放下工作和琐事。这次我去意大利旅行，一路走过很多海边小镇，这些小镇面向蔚蓝色的地中海，海水清澈明亮。海边凡有沙滩的地方，都坐躺着各型各色的人。这些西方人在海边，绝不像中国人一样，到了海边，游个几十分钟，当作旅游中的一个体验，然后就走。他们是实实在在度假，或个人或全家，在海边一待至少一个星期，早上9点到海边，弄个沙滩椅，游泳、晒太阳、看书、聊天、喝啤酒，就这样一天天待着，直到身心彻底放松。我随便问了两个人，他们从德国和北欧来，都在当地租了老百姓的民居，一住就是半个月。

不过说回来，中国人现在满世界跑的方式，也没有什么可指责的。中国闭关自守太久了，原来是不让出国，后来让出国了没有钱，现在有点钱了，自然要满世界跑。中国人其实很愿意了解世界，所以有度假机会的第一个想法一定是到没有去过的地方去，而不是躺下来休息。我相信，等很多中国人跑遍世界后，可能就会像西方人一样享受轻松度假的乐趣了。

西方人的另外一个习惯，中国人是一定要学习的。中国人一周七天几乎全部都是工作日，尤其体现在各种商店和商场上，几乎都是七天二十四小时开门营业。只要有钱挣，绝不关门休息。但西方人一周至少有一天，一般都是星期日，所有商店一律关门，所有人都休息或度假去了。

有一次我在法国，在香榭丽舍大街散步，那天是个星期天，我发现所有商店都关门了。这次在意大利一个小镇，到了星期天想买个牙膏都找不到开门的商店。他们这样做不仅是老百姓自愿，而且受国家法律的保障。比如法国如果星期天营业，是要被劳工部处罚的。但有意思的是，这几年巴黎星期天开张的商店越来越多（还和劳工部打官司），据说其中的一个主要原因是为了迎合中国人的购物潮流。可见金钱的力量确实能够扭转人的价值观和行为体系。但总体来说，西方人把工作和休息结合起来，远比中国人做得好。

中国改革开放后，我们终于发现机会来了。中国人民挣钱的积极性，完全可以用“抢”和“贪”两个字来形容。一是因为过去几十年挣钱的机会确实很大，所以不抢不贪机会就失去了；二是因为中国人原来穷怕了，所以有钱一定赶快捞，不惜一切代价。很多人捞过了头，商人不法，官员贪腐，结果把自己给捞进去了；还有很多人为了挣钱，把自己的良心也出卖了，毒货假货横行，坑蒙拐骗嚣张。三是由于中国社会保障机制较差（在改进中），大部人没有安全感，所以抓紧时间挣钱存钱，万一哪天挣不到钱了，还能够活下去。和活命相比，周末不休息算什么。很多人到最后彻底忘了挣钱是为了生活，为了幸福，而钱变成了唯一目的。

随着中国社会制度的健全，希望未来中国人民能够真正把事业和生活结合起来，把挣钱和幸福结合起来。说到底，有钱是没用的，只有能换来真正的幸福的钱，那才是有意义的钱。所谓的会用钱，一定不是不断给自己提出更多的物质需求，而是不断提升自己的幸福指数。住在普通公寓里幸福生活和住在豪宅里担惊受怕，鬼都知道应该选择哪一个。想起一个朋友的话：钱，能够让深刻的人更深刻，浅薄的人更浅薄。我换一个说法：钱，能够让懂得幸福的人更幸福，让不懂幸福的人更不幸。

我的心得和收获

附录①

我的一天

我每年有1/3的时间在上班；有1/3的时间回家吃饭，陪孩子；还有1/3的时间应酬。我每年大概有100天都在外出差。

晨跑 jogging

我比较喜欢在家里工作。早上6点半起床，晚上12点睡觉。以前一般是半夜2点睡觉，早上8点起床，后来发现这样的作息对身体不好，还不如早点睡觉，早点起床，反正都是睡6个小时。

我很注意保持身体健康，每天早晨起床后的第一件事，就是跑步2000米，以最快的速度跑完，让自己大汗淋漓，特别是夏天。同时，每天早晨冲个澡对我来说是必需的，不管是热水还是凉水。实在不行的时候，我就拿盆水浇一下，唤醒自己，让整个神经系统活跃起来。然后吃个简单的早餐。

上午 morning

锻炼后，我一般从早上7点半开始，工作到中午12点。工作内容有邮件处理、工作布置、对新东方发展的思考等。另外，我还做一些对孩子们的创业辅导，如洪泰基金接触的各种创业项目，毕竟年轻人创业不易。

午间 midday

我的午饭90%都是盒饭，有人来和我聊天，也是一人一份盒饭，最多加一瓶红酒。吃完饭会散步10分钟。除了散步，我每个星期会有一两次游泳、一两次徒步。

下午 afternoon

处理工作和会客是我下午的主要工作。许多客人我会约在下午面谈，有时也是公司职员，商讨一些经营方面的问题。

夜晚 night

我尽量回家吃晚饭。辅导孩子功课，和孩子聊天是我晚上做的事。另外，每天睡觉之前，我都安排好自己第二天的工作、学习、读书和运动的时间，这叫原定计划。例如，某一天的计划为工作10小时、读书2小时、锻炼2小时、应酬2小时。到第二天晚上睡觉之前，我就会检查一下自己完成计划的情况。如果是超额完成原定计划，我就会很开心；如果没有完成原定计划，我就会找找原因。

其他 others

阅读 reading

我每天都会读书，有时在公司，有时在家里，有时在路上，总之，在任何地方只要有时间阅读，我就会读书。另外，每天晚上11点以后也是我的读书时间，我一般会读一两个小时，然后再睡觉。

旅游 tourism

我喜欢旅游，每年会抽出一两个月的时间专门去旅游。虽然年纪已经超过50岁，但因为用脑能量消耗太大，我不担心自己会胖。如果真胖了，去外面徒步旅行15天，就瘦下来了。我现在旅游一般都会去几乎没有什么人的地方，自己开辆越野车，带一两个身边的人，他们很少说话，会给我一个安静的私人空间。

附录②

俞敏洪推荐的100本书

1 《如何阅读一本书》 莫提默·J.艾德勒/查尔斯·范多伦

2 《平凡的世界》 路遥

3 《十年一觉电影梦——李安传》 张靓蓓

4 《太空步——迈克尔·杰克逊自传》 迈克尔·杰克逊

5 《万水千山：三毛》 刘兰芳

6 《目送》 龙应台

7 《人间词话》 王国维

8 《红与黑》 司汤达

9 《雪国》 川端康成

10 《小王子》 安托万·德·圣-埃克苏佩里

11 《泛若不系之舟》 傅真
12 《菊花与刀》 鲁思·本尼迪克特
13 《悲惨世界》 雨果
14 《老人与海》 海明威
15 《当幸福来敲门》 克里斯·加德纳
16 《摇着轮椅上北大》 李春雷
17 《我们生活的时代》 入江昭
18 《圣经的故事》 房龙
19 《人类的艺术》 房龙
20 《人性的弱点》 戴尔·卡内基
21 《世界科学技术通史》 麦克莱伦第三/多恩
22 《万物简史》 比尔·布莱森
23 《爱的艺术》 埃里希·弗洛姆
24 《苏菲的世界》 乔斯坦·贾德
25 《中国哲学史》 冯友兰
26 《激荡三十年》 吴晓波
27 《中国有多特殊》 刘擎
28 《孔子传》 钱穆

29 《经济学原理》 N · 格里高利 · 曼昆

30 《追寻生命的意义》 维克多 · E · 弗兰克尔

31 《再见冬妮娅》 毛喻原

32 《文化人类学》 威廉 · A · 哈维兰

33 《奥巴马回忆录——我父亲的梦想》 奥巴马

34 《风雨哈佛路》 莉丝 · 默里

35 《我的生活与工作》 亨利 · 福特

36 《不能承受的生命之轻》 米兰 · 昆德拉

37 《黄永玉：把自己活成一部历史》 南方周末

38 《宽容》 房龙

39 《玩偶之家》 易卜生

40 《了不起的盖茨比》 菲茨杰拉德

41 《第二性》 西蒙娜 · 德 · 波伏瓦

42 《拖延心理学》 简 · 博克 / 莱诺拉 · 袁

43 《梦的解析》 西格蒙德 · 弗洛伊德

44 《影响力》 罗伯特 · B · 西奥迪尼

45 《心理学与生活》 理查德 · 格里格 / 菲利普 · 津巴多

46 《乌合之众：大众心理研究》 古斯塔夫 · 勒庞

47 《西方的没落》 奥斯瓦尔德·斯宾格勒
48 《岛屿来信》 陶立夏
49 《美的历程》 李泽厚
50 《西方美学史》 朱光潜
51 《季羡林自传》 季羡林
52 《陈寅恪与傅斯年》 岳南
53 《文艺复兴是什么》 盐野七生
54 《我的一生：安徒生回忆录》 安徒生
55 《写在人生边上》 钱钟书
56 《我们仨》 杨绛
57 《寻找生命的智慧》 周国平等
58 《马丁·路德·金自传》 马丁·路德·金
59 《史蒂夫·乔布斯传》 沃尔特·艾萨克森
60 《人类简史》 尤瓦尔·赫拉利
61 《居里夫人传》 艾芙·居里
62 《名人传》 罗曼·罗兰
63 《思维的版图》 理查德.尼斯贝特
64 《成吉思汗》 勒内·格鲁塞

65 《霍金传》 克里斯廷 · 拉森

66 《自私的基因》 理查德 · 道金斯

67 《富兰克林自传》 富兰克林

68 《欢乐的经济学》 戴维 · 亨德森

69 《一九八四》 乔治 · 奥威尔

70 《拿破仑传》 埃米尔 · 路德维希

71 《非暴力沟通》 马歇尔 · 卢森堡

72 《我父亲是恐怖分子：一个关于选择的故事》

扎克 · 易卜拉欣 / 杰夫 · 盖尔斯

73 《历史研究》 阿诺德 · 约瑟夫 · 汤因比

74 《论美国的民主》 夏尔 · 阿列克西 · 德 · 托克维尔

75 《西方哲学史》 罗素

76 《马尔克斯的一生》 杰拉德 · 马汀

77 《渴望生活——梵高传》 欧文 · 斯通

78 《与自己对话》 纳尔逊 · 曼德拉

79 《策略思维》 迪克西特 / 奈尔伯夫

80 《全球通史》 斯塔夫里阿诺斯

81 《战争论》 克劳塞维茨

82 《罗马人的故事》 盐野七生

83 《创新启示：大自然激发的灵感与创意》 杰伊·哈曼

84 《定位》 艾·里斯/杰克·特劳特

85 《麦肯锡方法》 埃森·M·拉塞尔

86 《社会契约论》 卢梭

87 《博弈论基础》 罗伯特·吉本斯

88 《论法的精神》 孟德斯鸠

89 《人月神话》 弗雷德里克·布鲁克斯

90 《伦理学》 斯宾诺莎

91 《生命是什么》 埃尔温·薛定谔

92 《政府论》 洛克

93 《人的潜能和价值》 马斯洛

94 《设计心理学》 唐纳德·A·诺曼

95 《长尾理论》 克里斯·安德森

96 《伟大的人物》 戴尔·卡内基

97 《无价》 威廉·庞德斯通

98 《浅薄》 尼古拉斯·卡尔

99 《光荣与梦想》 威廉·庞德斯通

100 《理想国》 柏拉图

附录③

半年投了4亿元：了解“创客导师”俞敏洪

俞敏洪，新东方创始人，现任新东方教育科技集团董事长，洪泰基金合伙人，耿丹学院理事长，民盟中央常委，第十一、十二届全国政协委员。1993年创办北京新东方学校，2001年成立北京新东方教育科技（集团）有限公司。2006年9月7日，新东方在美国纽约证券交易所成功上市，成为中国第一家在美国上市的教育培训机构。20多年来，新东方从中关村二小一间破旧的临建房起步，已发展成为中国规模最大、最具影响力的私立教育品牌和行业领导者。

今年54岁的俞敏洪身上有很多标签。他是一位成功的“创业者”，把英语培训做成大买卖，新东方2006年在纽交所上市，成为中国大陆第一家在美国上市的教育机构；他个人也成为一代年轻人眼中的“俞校长”“留学教父”；现在他作为天使投资人，又是一代年轻创业者口中的“洪哥”。2016年6月24日，在新东方总部的小会议室里，作为“寻找中国创客”的导师，俞敏洪接受了新京报记者的专访。俞敏洪说如果他可以选择，他更愿意离开商业纷扰，一个人自驾全球旅行，写游记。“但有时候生命由不得你自己选……最后我依然选择社会化（角色），因为那是不可逃避的责任。”

我不是窝囊的人

新京报：看完《中国合伙人》之后，感觉眼前的俞敏洪和电影中不太一样。电影里比较土，没主见。

俞敏洪：我一直比较土，但如果像电影里那样没主见，新东方就做不起来了。我怎么可能是那样一个窝囊的人，没主见，还总被人欺负，最后靠到国外演讲五分钟就变成英雄，那怎么可能做成事情。电影里的三个角色，应该是我身上的某种成分被拆分成了三个角色。

新京报：现实中的俞敏洪是一个什么样的人？

俞敏洪：其实我是一个做事情很灵活，对朋友很好，甚至有点仁慈过度，带有一点妇人之仁的人。但我做决断的时候还是蛮迅速的，我的判断力和决断力其实非常好。

新京报：新东方的一个口号说，在绝望中寻找希望，你在演讲里也会经常提到绝望。你是一个悲观的人吗？

俞敏洪：不是，不管你悲观不悲观，人生都会有困境在那儿等着你。生命中会有你根本解决不了的困境，一定会有。有的时候只能等待，有的时候可以主动，有的时候必须退让。

新京报：那你觉得你是乐观的人吗？

俞敏洪：我不乐观，因为我觉得人生经历是比生老病死要复杂很多的事情，一个人在经历了各种黑暗、痛苦、绝望后，仍对生命抱有希望，对未来有梦想，这样的人才是伟大的。

合伙人是碰出来的

新京报：你之前有分享过新东方的合伙人机制，对创业者而言，应该怎样找合伙人？

俞敏洪：合伙人不是找的，是碰的。中国创业公司的合伙人一般有三种状态，一种是几个同学朋友一起创业，但将来公司散架的可能性比其他公司大很多，因为一开始是一帮朋友做事，到最后很难界定谁是公司核心。如果是这种情况，必须快速界定合伙人的主次关系。第二种是一个人先想了方法，然后找人，形成团队。这种团队相对稳定，最初的那个人如果具备能力，就是团队核心。第三种就是新东方模式，一个人先做了几年，再找合伙人，但现在互联网界的速度已经不允许这样的节奏了。

新京报：现在资源开放，找合伙人是不是比以前容易了？

俞敏洪：难度更大，原来可以找能力单一的人，现在必须找在技术、市场、营销方面各自有专长的人。现在创业者年龄都很小，处理人事关系的经验很弱，所以很容易使合伙人散伙，这种情况很多。

新京报：怎么避免？

俞敏洪：只能靠创业者自己在经营中摸索，想办法让自己变成一个真正的团队领袖，把事情做起来。

半年投了4亿元

新京报：2014年12月初，你和盛希泰共同成立的"洪泰基金"（天使基金）开始运作。现在进展怎么样？

俞敏洪：四个多亿的基金，六个月不到就快投完了。也有一些不靠谱的项目，基本都是创业者不靠谱。因为是初创公司，靠谱的人和不靠谱的人做出来的事情完全不是一个概念。

新京报：你到目前投了多少项目了？

俞敏洪：七八十个项目，但你知道看了多少商业计划书吗？五六千份啊。

新京报：这些项目里面，你有发现可能成长为大公司的项目吗?

俞敏洪：会有一些，但是我不能把这些公司的名称给说出来。因为我投了很多公司，我宣传某几个，别的公司就会觉得我不看好他们。而且我平时很内敛，不喜欢炫耀自己做的事情。

新京报：新东方有自己的一套比较清晰的投资路径?

俞敏洪：新东方的投资很简单，就是围绕教育产业链和生态链去做的。但我个人的投资和基金投资范围就广很多了，因为它不一定非要专注于教育。

新京报：你6个月就投完了4亿，你是怎么挑选项目的?

俞敏洪：首先是他必须能找到客户痛点，你一看这个模式就觉得是一个能做大的模式，并且解决了商业中的某个大问题。其次他在讲述公司发展的思路应该是靠谱的，不是在套概念。世界上有多少公司，热闹了两三年就崩溃了，所以即使模式最初你想不清楚，但必须要有一个大的框架，我才能给你钱。再次，看创业者本身靠不靠谱，比如我一定要创业者本身是有想法、有冲劲，那些浮夸又异想天开的人，我才不敢投资给他。最后是看团队。

新京报：投资人和创业者接触时间很短，你怎么快速判断一个人?

俞敏洪：这就看眼光了。如果投的钱比较多，会组织一些活动让这些人充分表现自己，比如饭局、喝酒、郊游，都是考察才能的机会。

很多创业者走偏了

新京报：你怎么看现在的创业气氛，有泡沫吗？

俞敏洪：我一直认为现在的创业大环境有一定的误导性。我最近碰到的是越来越不靠谱的创业者，连做人的基本道理都不懂的人还在创业。

新京报：怎么不靠谱？

俞敏洪：比如说异想天开的人特别多，完全没有任何经验就要创业的这种人也很多，或者拿着商业计划书缠着你就想骗钱的人也一堆。我们又不是眼瞎，哪能随便给你钱啊，所以100份商业计划书，99份基本都被拒掉。

新京报：你被骗过吗？

俞敏洪：有啊。现在的创业者，有一点点想法，就可以要几个亿的估值给你看。现在的天使投资也都是300万到500万（元），甚至800万元规模，几十万的天使现在已经没有了。

新京报：你怎么看创业者身上的创新能力？

俞敏洪：现在很多移动互联网的创新都是伪创新。实际上就是通过移动互联网，把原有商业模式去中间化，搞流量，然后再找商业模式。这点事大家都会。都是做培训机构，都是弄个地方开班就可以，为什么新东方能做到现在，和我同期的一些人还是几个班的规模。商业模式很容易复制，最后拼的是人调动资源的能力、速度。

大部分挑战者是伪挑战者

新京报：电影《中国合伙人》里，去美国敲钟的时候，创始人风光无限。但实际上这几年线上创业项目兴旺，很多人认为新东方遇到大麻烦了，可能被颠覆。你焦虑吗？

俞敏洪：不焦虑。过去我们被上市公司迷惑了，天天讲收入和利润，现在我已经把利润指标清零了，对校长没有任何利润指标，唯一的要求就是好好抓教学质量。

新京报：很多人认为新东方在互联网上落后了。你是怎么看的？

俞敏洪：对新东方来说，颠覆自己很容易，让两万多名老师上线就完了，就是中国最大的互联网教学公司，但颠覆是为了创造、继续成长，不是纯粹为了颠覆本身。对新东方而言，就是要认真思考该做什么，不该做什么，而不是一哄而上，博一个名声。

新京报：也就是新东方的核心价值并没有受到所谓的冲击。

俞敏洪：对啊，两年前，有不少公司说他们三个月颠覆新东方。可现在他们要么已经消失了，要么自己快做不下去了。

新京报：新东方现在有很多挑战者，你怎么看这些挑战者？

俞敏洪：我觉得大部分挑战者是伪挑战者。我认为未来中国会出现至少10家到20家伟大的教育公司，这些公司之间更多的是互相合作，而不是互相被颠覆的关系。

新京报：最近一段时间，新东方、学而思和学大教育都或多或少面临增长困境。为什么教育生意变得很难做？

俞敏洪：第一，移动互联网的确带来冲击和影响。第二，前几年行业发展过头，就像坦克履带没做好就往前冲，到一定时候履带就断了。第三，家长在教育领域消费中越来越理性化。所以最近地面培训机构倒闭很多，线上培训机构真正做起来的也没几个。

新京报：怎么来看教育市场现在的发展状态？

俞敏洪：是市场化的过程。但没有任何一个教育公司可以做成阿里巴巴或者腾讯这样几千亿规模的公司。因为每个教育创业项目，都只能抓教育中间的一部分。教育本身就是一个个性化的东西，每个孩子都需要不同的教育方法。

新京报：新东方在鼓励内部创业，你们会通过投资的模式，实现全覆盖吗?

俞敏洪：会形成更广的覆盖，最后形成不同的公司，甚至是独立上市公司。新东方在这里面起到组建产业链和生态圈的作用。

若重新选择，宁可开着越野车旅行

新京报：你的演讲非常富有激情，新东方已经很成功，还有没有遇到不可能解决的困境?

俞敏洪：当然，比如让我从现在开始，不带有任何后遗症地选择，我会选择不做新东方，开启我生命新的东西。因为我觉得新东方做了20年已经够了，也成功了。但问题是，新东方已经和我个人严密咬合挂钩了，即使我离开新东方5年后，大家还是会说俞敏洪当时就感觉自己无能为力做不好了，所以才出去。如果让我选择的话，我宁可一个人开着越野车全世界旅行，我照样能写出一本本游记来，大家都会读。但有时候生命由不得你自己选。

新京报：可以理解为，新东方更多是你的一种责任?

俞敏洪：对，是一种责任。在社会化和个人化之间做选择的时候，你明明知道选了个人化会更开心，但依然会选择社会化，因为那是你不可逃避的内容。

新京报：你现在每年会给自己放假吗？

俞敏洪：会有。我会看书，旅游，跟家人在一起。比如我每年圣诞节会带着全家人旅行10天到15天，跑的都是原来没有走过的地方。今年7月底我就要带着我的孩子到非洲旅行。

新京报：这几年你有做过一些不可思议的事吗？比如公众认为俞敏洪不可能去做的事。

俞敏洪：好像没有，或者还没有暴露出来。到了我这个年龄，做事情不能出格到让公众对你有负面评价。平时我尽可能避开媒体眼光，这样我自己更加安宁一点。

新京报：你一年能读多少本书？

俞敏洪：100多本，认真读的会有三四十本，翻过去阅读的大概会有七八十本。今年到现在为止，我给新东方的高管都已经推荐20本了。

新京报：今年你印象最深刻的书是哪几本？

俞敏洪：印象深刻的是吴军的两本书，《浪潮之巅》和《文明之光》，还有《数学之美》。

附录④

我一定会跟踪你：创客导师俞敏洪对谈创客胡彦斌

在“寻找中国创客”峰会上，教育界大佬、新东方教育科技集团董事长、洪泰基金创始合伙人俞敏洪与音乐人、牛班创始人胡彦斌不期而遇，畅聊互联网教育。三十分钟的交流被媒体称为“俞敏洪胡彦斌凑在一起，砸了相声界的场子”。机智对话擦出了火花，但撇开言语上的交锋，思想上的碰撞干货也是满满。

俞敏洪说自己今年长时间在家里打坐思考，这是除新东方外唯一一次公开论道，遇上了互联网教育的新兵胡彦斌。一开始兴许还觉得明星做教育是在玩票，毕竟整场论坛大家都在谈什么是互联网教育的刚需，到最终被胡彦斌投入互联网音乐教育的热忱所打动，为他线上线下布局的思维称道。表示非常看好牛班这种垂直性教育领域，一定会跟踪胡彦斌的项目。

俞敏洪：首先再声明一下，不是我自愿上来的。老戴把我当作是培训界的导师，来跟胡彦斌对话。不过刚才看了你的PPT，我觉得还是蛮好的，但估计现场大部分人都更愿意听你唱歌，而不是听你说话……

胡彦斌：俞老师帮我开了个很好的头，我今天来，不唱两句，大家也不会觉得过瘾。但是我如果来这里只是正常唱歌，就没有体现“教育”两个字的目的，所以我教俞老师唱两句你们觉得怎么样？

俞敏洪：可以。我交给你一个任务，如果你能教会陈向东（跟谁学创始人，前新东方执行总裁）唱歌，我就愿意投你的牛班。

胡彦斌：我觉得音乐的可能性无处不在。您这句话我理解的是，陈老师可能五音不全，是这个意思吗？但五音不全没有关系，可以在节奏上找到一些乐趣，比如可以有一些hip-hop的感觉。

俞敏洪：你现在要教唱歌吗？我不行，我唱歌就比陈向东稍微好一点点。言归正传，你是要教大家唱歌呢，还是要讲你的牛班?

胡彦斌：我没有什么太多准备，但是今天竟然聚合了这么多教育行业的大佬以及关注的人群，对我来说是一个很好的机会，跟大家毛遂自荐一下，推荐一下我的牛班。

从它的名字就可以看出，这个公司将来的发展方向及野心。牛班其实就是New Band，我不会做任何其他事情，我只教音乐。New Band带着我想让新的乐队文化被培育出来的希望。

俞敏洪：我发现你的英文翻译得很好，你的脑袋中先有New Band还是先有牛班?

胡彦斌：其实我有一个特别的请求，是要跟俞老师请教和学习英文，因为我是一个英文特别差的人。

俞敏洪：但是竟然取了一个非常好的英文对应的名字，我想这哥们儿还挺牛的!

胡彦斌：牛班这个名称，我也希望是一个很牛的班级。我们是以一首歌为一个单位，把它分成演唱、吉他、贝斯、键盘、鼓等部分，你可以选择你自己爱的方向去学，最后可以组成Band。这是我的初衷。差不多两年前，我们做了一个牛班的

APP，慢慢从1.0、2.0进阶到现在……为什么要做牛班，是因为我发现想学音乐的人，没有一个有信任度的机构让他可以去学。比如我要学英语，就会想到去新东方，因为它让我有信任感。学音乐，可能就是跟着某个老师回家学，但你怎么知道这个老师好还是坏，就是通过朋友介绍、口碑传播。或者去城市里路边的琴行，到那里边学。牛班就是想做这件事情，让大家想学音乐的时候，有一个有信任度的地方可以去寻找，而且一定可以教到你对的东西。这是我的观点。首先必须是教你对的东西，因为对于学习来说，金钱不是最大的成本，时间才是。

俞敏洪：先问几个问题。第一个问题是，我今天第一次知道牛班，因为我实在是跟音乐没有缘分，长到这么大，没有真正唱过一首完整的正确的歌，或者用正确的方法唱一首完整的歌……这件事情很有意义。我已经在想，回去要不要偷偷学一学你的牛班课程，让我的个人魅力在老年的时候再爆发一下。

胡彦斌：学音乐一定可以绽放个人魅力。

俞敏洪：你的APP是录播课程吗？

胡彦斌：对，是录播课程。

俞敏洪：因为学音乐主要是现场纠正，比如我现场弹琴的手法不对，或者我唱歌的方法不对……光看你的课自己模仿，怎么也是模仿不出来的。因为我记得我跟向东有个同样的经历，新东方每年新春联欢晚会都要上去唱歌，结果我们俩一个下午把对方折磨得要死，听着对方鬼哭狼嚎。但是后来向东找了一个老师，到晚会的时候五音变成五音半了，当面指导肯定好，好纠正。互动问题怎么解决？我认为互动问题非常重要。

胡彦斌：我觉得这就是为什么牛班现在开始做线下的音乐学校。上海、北京、深圳都开始有。这也是我们为什么从线上走到线下，与用户体验有关。

当初因为互联网可以让更多人学到音乐，所以我做了这个APP。根据用户体验和回馈，我们更新内容，开了线下学校，它们的分工是不同的。我觉得互联网最大的意义在于没有地域、时间的限制，所以我们基本上是在线上做普及化的教育。在线上做普及的时候，要的是什么？要的是激发你对音乐的潜在热情。就像刚刚我看到汤老师（国务院参事、经济学家汤敏）讲三四线城市的这些小孩儿，我也有去过，这些小孩儿的天赋都特别好，特别是四川、贵州的少数民族。我们跟着当地政府去的，也有明星光环，所以学校应该还不是当地最破的，但是去到那里之后，发现基本上教体育、音乐、语文的都是同一个老师。到了晚上天黑的时候，站在学校的山头上，可以看到远处县城里的灯光，就是这么近的距离，但可能这些小孩子这辈子都跨不出去，我觉得这是让我最有感触的。

我觉得互联网最大的功能是让它普及教育，让这些人感受到什么是音乐最基本的东西，而刚刚俞老师说的线下的部分，才会做到快速纠正以及现场直接告诉你什么才是对的。线上学得对不对，需要印证，到线下来，在老师这里得到再一次确认，完善最终教学的品质，这是我一直在思考的事情。

我之前英文很不好，跑去美国读书，读书的时候怎么办呢？我要的是get到知识，所以走捷径，请了一个翻译跟我去上学，美国的那些学生、老师看到我请了一个翻译，觉得很不可思议，哪有学生请同声翻译的，但是我的目的很清楚——需要准确了解课程内容。

美国教育对于大部分人是宽容的，对大部分人永远是good job，说你做得很好，很棒，我觉得这是激发每个人内心学习欲望非常有帮助的一点。但是，很多朋友不知道有没有看过，我很喜欢的一部电影《爆裂鼓手》，电影里鼓手的老师对他非常严苛，为什么？因为对天才的苛刻和严厉是希望激发他内心的潜能。所以，我希望线上可以让大家接受普及教育，让每个人心中对音乐的热情被唤起。在线下，我们会针对有基础、有目标的学生，让他们获得精准的音乐教育培训。

俞敏洪：问一下敏感的数据问题，你上线APP已经两年了，里面有多少课？

胡彦斌：我们现在已经积累了240个视频。

俞敏洪：现在下载的用户有多少？

胡彦斌：现在基本上200万不到。

俞敏洪：日活有多少？

胡彦斌：基本上转换率在10%左右。

俞敏洪：就是有20万人每天都在上面。

胡彦斌：是，我们最厉害的是，人们在线上待的时间很久，这是跟很多APP不一样的。

俞敏洪：因为要练会一首歌不容易，我这样的上去10个小时才行，所以上去时间久很正常，你这200多个视频是大部分免费的还是全是收费的？

胡彦斌：我们是从一开始免费，现在是收费的。

俞敏洪：全部收费了还有10%的日活，就是20万人在交费上你的课？

胡彦斌：是的。

俞敏洪：一个视频课大概收多少钱？

胡彦斌：有1块、6块、18块。

俞敏洪：能透露一下你2016年线上大概的收入吗？我是从投资者角度来问，我已经在考虑要不要投你了。

胡彦斌：我看过俞老师的演讲，俞老师从大学老师转到做新东方那一刻，初心一定不是只是为了赚钱，一定是对教育有一定的情怀。

俞敏洪：我最烦的就是一谈钱就要开始谈情怀。彦斌是有情怀的人，我们现在回到现实，谈钱吧。

胡彦斌：钱这件事情可以谈，但我思考了一下，不适合今天在这么多人面前谈，我毕竟不是像俞老师这样，CEO位置退下来，已经有江湖地位，可以坦然地谈这些。我也可以很坦然，但是这些数字我要对它负责，我要回去问问财务总监，让他给我一个报表，再告诉大家。

俞敏洪：我相信你心里很清楚，但这确实是机密数据，跟你开玩笑。再问一下，现在地面教育开始做了吗？还是说是设想？

胡彦斌：已经开始做了，上海已经开始，两个月的时间基本上学生都招满了。

俞敏洪：老师怎么招聘？

胡彦斌：各个渠道。我觉得讲到重点了，教育师资的寻找以及培养，这是一件非常重要的事情。

俞敏洪：培养老师需要一套体系。地面教育的管理有两个特点，一个是重资产，因为要租教学点、装修等。还有地面管理，比如消防安全，学生的来往，中间的帮助和监控等，这些东西你完全没有经验，是找其他人在做，还是自己参与？

胡彦斌：现在我基本早上九点钟就到公司，每天是下班最晚的。

俞敏洪：最晚什么时候？平均的话。

胡彦斌：平常的话基本上是晚上十点。

俞敏洪：那不够，向东现在每天早上六点到公司，晚上十二点回家，中间还有一半时间是睡在办公桌上，我当时做新东方的时候是睡在教室里的。所以你这个时间不够，早上九点，肯定是喝完咖啡，喝完茶。

胡彦斌：那证明我还年轻，我睡得着。（全场大笑）

俞敏洪：你今年多大？

胡彦斌：我今年33岁。

俞敏洪：我做新东方的时候只有30岁，那个时候能睡着，但不敢睡，一睡着了，居委会老太太就来查房了。

胡彦斌：但是我要讲一个概念，创业不一定要自己很苦逼，才证明创业很厉害。

俞敏洪：应该这么说，凡是没有苦逼精神的创业者，除了个别特殊的例外以外，我不认为是能够真正做长久的。

胡彦斌：我是这么觉得，有一句话叫，如果你的团队对自己狠一点，那老板就会轻松一点。如果员工对自己不够狠，那只能老板对自己狠一点了。

俞敏洪：也就是说你对员工狠，对自己不狠是吗？

胡彦斌：是我的员工都非常严厉地要求自己，证明我自己眼光好，所以比较轻松。

俞敏洪：难怪不说钱的事情，我明白了。现在教学点已经开始收费了吗？

胡彦斌：是的。

俞敏洪：根据我的判断，你开教学点动作这么密集，应该是已经拿到融资了是吗？还是用自己唱歌赚到的钱？

胡彦斌：我觉得是这样的，唱歌这件事情一直是我非常热爱的，但是我觉得站在创业者的角度，你认真对待的话，应该是要把曾经的资产跟现在的剥离的。

俞敏洪：我明白了，原来自己的钱放在家里好好享受，创业的钱要拿投资者的，丢了也没有关系。

胡彦斌：我觉得这是角度的问题，我只是想证明音乐教育这个行业是可以用自己的运营方式存续的，而不是说需要我拿我自己表演的钱去不断往里贴补。但其实我们没有天使轮，因为项目启动都是自己投的。

俞敏洪：我告诉你，向东的跟谁学之所以融到那么多钱，最主要的原因是他真的把在新东方赚到的钱投进去了，而且是毫不犹豫、毫不后悔地投进去了，背水一战的那种感觉，所有投资者一看到，老陈是不要命的，不要命的人是能做成事情的，更何况他在新东方有十几年的经验。所以适当的投入是要的，不要求你全部投入，适当的投入是给投资者信心。

胡彦斌：我还是不想谈钱，因为我真的不觉得钱是最重要的。对于我来讲，时间是最重要的，我可以把那么多去表演的时间、创作的时间放弃，站在运营牛班的位置上，从早到晚这样去做。我的时间投入可能才是最大的成本。像俞老师现在这样，花钱其实是最容易的，但是要花精力进去，很难。

俞敏洪：你的意思是我的钱给你，是这意思吗？

胡彦斌：我觉得投资需要价值的互相认定，才能共同走下去。

俞敏洪：非常对，但是我想稍微补充一下，在现在的创业环境下，几个方向、几个东西是特别重要的。

第一个是这件事情本身做得对不对特别重要。从商业模式，比如从线上走到线下，线上线下到底对不对，用什么步伐来做，有没有合适的资源，这件事一定要想清楚。很多创业公司之所以没有成功，不是没钱，也不是没时间，而是商业模式没有想清楚，需求没有想清楚，或者步骤没有想清楚，要在正确的时间做正确的事情。

在新东方，我们常常讲right timing（对的时机），然后再去做正确的事情，这件事情我觉得永远是第一位的。即使到新东方现在这个地步，也是第一位的。首先我们要搞清楚，在未来三到五年，面对现在整个社会的变迁、技术的革命，以及移动互联网给中国的教育和其他领域所带来的重大影响，新东方未来三年的布局，到底哪些是正确的，这个问题只能自己想，和团队反复探讨，但是永远没有绝对正确的答案。你想到很多正确的道路，结果过了几个月发现是错误的，都是有可能的。及时纠错机制是非常重要的，我从你身上看到了这个及时纠错机制，做了一个APP，然后发现音乐和地面结合是非常好的方式，我想到了我的问题，以偏概全。你这是一个很好的方向，但是还有没有更好的方向还有待商量。比如我们新东方推出一个百学会，新东方提供场地以及对学生的管理，你一心一意只要放自己的产品进去就可以了，最后赚的钱大家分，这也是一种方式，什么样的商业模式最简单，什么样的合作最简单，什么样的发展是最长远的，要想清楚。

第二点，你刚才说钱不那么重要，但钱真的很重要。因为现在的商业模式就是有很多人都想做同一件事情，抢商机、抢机会、抢资源。没有钱，几乎就没有希望。所以说服投资者给你投钱，用你的好的商业模式，也要表示出姿态来，比如砸锅卖铁都把自己的钱投进去了，那么投资者投进去的意愿至少是

80%，赔了也没事，因为投资人希望看到的是一个愿意投入的人。就像陈向东是一个绝对的榜样。钱还是重要的，需要说服投资人，你投我这个东西是有希望的……

第三点，才是时间。你说得非常对，如果一个老总一头扎进去，会给投资人信心。用战术上的勤奋来掩盖战略上的懒惰，这样做生意是最可怕的事情。原来我老是这样，新东方为什么后来落后了？新东方这十年，除了今年相对来说稍微好了一点，过去十年一直落后的原因是：我比陈向东他们还要忙。我都冲到一线去了，典型的是用战术上的勤奋来掩盖战略上的懒惰。直到有一天，我坐在新东方后面的那个公园的大树底下，想新东方怎么出了那么多问题，这些问题到底关键在什么地方的时候，突然好像有点想清楚了，我的时间花得不对。所以我支持你自己用有效的时间来指导员工做事情。我把CEO的职位辞掉，去做公益。其中做公益是一部分，另一部分，我可以用长段的时间坐在家里打坐思考，我不是真的打坐，我没有信任何宗教，但是安静下来思考，并且把自己思考的东西整理成思路，再去运用，非常重要。

你这件事情真的值得做，因为中国的音乐、艺术细胞被压制得不行，改革开放之后出了一批音乐家、歌唱家，像你这样的，这些人大部分都没有想到要去做中国音乐教育的事情，但这对我们民族是非常重要的。在此前提之下，最重要的就是摸索出商业模式来，找到合适的钱，在战略上保持正确性，在战术上保持勤奋性，把这件事情做好。我非常看好这种垂直性的教育领域，所以我一定会跟踪你。

胡彦斌：其实很想跟俞老师诚恳地请教钱的问题。您刚才在台上讲，新东方从之前的2000万美金的教育研发费用，一直到现在，做到每年有8000万美金的研发费用。

俞敏洪：去年是5500万，今年预算是8000万。

胡彦斌：对，我们在做牛班的时候，所有的教案全部都是自己研发的，我很想知道，当公司没有那么多钱，比如说只有仅限的100万或者1000万的时候，要如何去匹配，用多少钱去做研发？多少钱去做线下拓展？多少钱用在团队运营？

俞敏洪：这是一个绝对机密并且智慧的问题。

胡彦斌：我也帮大家谋一下福利。

俞敏洪：其实阶段不一样，要看找到什么样的投资人。有的投资人说你赶快上线，弄数字，弄流量，这样的投资人不要找。你找我这样的投资人，我会问你有什么样的产品计划。我是从教育领域出来的，太知道教育产品对公司的生存与死亡多么重要。当然我也希望知道，未来这个产品研发出来之后，你是否有能力推广产品。如果好酒出不了巷子，也没有人能喝到。所以要看你碰到什么样的投资人。

胡彦斌：没有投资人，只有这些钱。

俞敏洪：那我觉得是循序渐进的过程。反正必须要把钱投入到产品研发上，但是你要有后续的产品替换成商业模式以后的经济来源，比如说你现在已经开始在线上收费了，不管多少，地面教育开始以后，也会有钱进来，除了运营费用以外，看是不是还能剩余一点继续做产品研发，产品研发这件事情不能放。新东方吃亏就吃亏在这里，一个大公司都快100亿了，当时我们只投入了大概1亿多人民币来做产品研发，根本就不够，所以这两年就变成了恶补。恶补的好处在于，我后来发现，产品研发只要有成果，新东方网络比较健全，容易推广，容易捞回来。所以现在就加大了产品研发力度。

另外我跟新东方的人说，从现在开始，谁都不要跟我讨论股价。向东原来也管过这一块，我们开始是这样的，先决定今年产品研发费用多少万美元，然后分给部门，这个部门200万美元，那个部门400万美元，根据这些预算来考虑研发什么产品。其实这是狗屁，除非你真的没钱，当你有钱的时候，产品研发费用投入不够，只是因为你想让上市公司多一些利润，这就是在伤害这个上市公司未来长远的发展。所以我后来的计划是，按照三年的新东方产品研发计划，来看这三年总共花多少钱，然后再看今年花多少钱。如果你们预算出来天文数字钱不够了，我会告诉你们；如果够，我会支持你们，别管有没有吃新东方的利润。结果按照三年倒推之后，得出来3000万美元的研发费用，他们说不行，相当于2亿人民币，我们明年利润增长就2亿人民币，如果都投入研发，就跟利润持平了，股票就会掉下来。我说股票掉下来，关你屁事，所以大家都接受了。要看怎么战略布局，因为新东方实力比较雄厚一点。

我还是强烈建议你，拿非常明智的投资人的钱，把商业模式想清楚以后，不要舍不得股份。

胡彦斌：没有，我没有排斥，只是觉得在适当的时机做适当的事情才是最准确的。因为投资人的钱没有那么好拿，投资人一定比你聪明，他一定比你经历更多，才会给你指明更多的方向。

俞敏洪：彦斌，找机会你可以跟我聊一聊，我们现在缺你的商业模式，现在要确定的是你的商业投入、你的实践和智慧够不够把这个商业模式顶上去，如果够的话，就接受投资人的钱。问你最后一个问题，当明星和当创业者这个感受有什么不同？

胡彦斌：太多不一样。我本身就是一个比较爱折腾的人，很多人跟我讲，你好好写自己的歌，好好唱歌、表演就好了，可以生活得很舒服。我也有一直很爱我的歌迷，一直在支持我。但对我来讲，不知道为什么，突然有一天就想把自己学到的音乐知识教给大家，可能我设定的目标是在40岁或者更老一点，但互联网刺激到了我，我可以用同样的时间，用最简单的方式，让更多人学到知识，于是我就去做了牛班。做的这一刻，我才发现原来要做成一件事情，必须全身心地投入进去，才可以有机会跟别人不一样。

很多人可能看到的还是你的风光，但在那背后，我相信你一定有自己的坚持和努力在，我相信俞老师既然走到今天，是因为经历过太多太多的事情值得我们学习。

我觉得创业者跟艺人的区别，并不是说艺人不努力。艺人都非常努力，我相信能够生存五年以上，还活跃在大家面前的这些艺人，都非常努力。我觉得艺人有点像经营自己，但是做一个创业者，更多想的是企业，想的是跟你一起打拼的小伙伴，你有更多责任心，也会跟大家一起往一个方向努力。我觉得这是很幸运的，因为你有机会遇到这些志同道合的人。有一位在台上说教育这件事情一定要做刚需，音乐不是刚需，很多人学英语，我觉得他学是为了解除痛苦，如果没有办法交流、沟通，就要去学。音乐不是，学音乐是为了让自己快乐，音乐这件事情让我觉得很快乐，所以我才想要跟大家分享。

俞敏洪：你做了一件大好事，因为你做明星，可能一个人个人的欢乐会更多一点，尽管也能给听众带来欢乐。但是音乐教育面向全国，把中国老百姓原来呆板的个性改造过来，变成欢乐的个性是非常重要的。所以从这个意义上说，你说音乐不是刚需，是为了happiness（快乐），但人生当中最重要的刚需就是happiness。希望你能够做成功，我们后面再交流。